夜空冲浪指南

UNIVERSAL
GUIDE TO THE
NIGHT
SKY

献给米卡·伊金，
她喜欢我们在月球上"野餐"。

图书在版编目（CIP）数据

夜空冲浪指南 / （澳）丽莎·哈维·史密斯著；
（澳）索菲·比尔绘；孙正凡，张琳译 . -- 贵阳：贵州
人民出版社，2024.3
　　书名原文：Universal Guide to the Night Sky
　　ISBN 978-7-221-18176-3

　　Ⅰ.①夜… Ⅱ.①丽… ②索… ③孙… ④张… Ⅲ.
①天文观测－青少年读物 Ⅳ.①P12-49

中国国家版本馆 CIP 数据核字（2024）第 026728 号

Published by arrangement with Thames & Hudson Ltd, London
First published in Australia in 2023 by Thames & Hudson Australia Pty Ltd
Universal Guide to the Night Sky © Thames & Hudson Australia 2023
Text © Lisa Harvey-Smith 2023
Illustrations © Sophie Beer 2023
This edition first published in China in 2024 by United Sky (Beijing) New Media Co., Ltd,
Beijing
Simplified Chinese edition © 2024 United Sky (Beijing) New Media Co., Ltd
All rights reserved.

贵州省版权局著作权合同登记号 图字：22-2023-124 号

夜空冲浪指南
YEKONG CHONGLANG ZHINAN

［澳］丽莎·哈维·史密斯 / 著
［澳］索菲·比尔 / 绘
孙正凡 张琳 / 译

选题策划	联合天际
出 版 人	朱文迅
责任编辑	严 娇
内文审校	苟利军
责任印制	赵路江
特约编辑	韩 优　宫 璇
封面设计	孙晓彤
美术编辑	程 阁　杨瑞霖

出　　版	贵州出版集团　贵州人民出版社
发　　行	未读（天津）文化传媒有限公司
地　　址	贵州省贵阳市观山湖区会展东路 SOHO 公寓 A 座
邮　　编	550081
印　　刷	北京华联印刷有限公司
经　　销	新华书店
开　　本	787 毫米 ×1092 毫米　1/32
印　　张	4.5
字　　数	83 千字
版　　次	2024 年 3 月第 1 版
印　　次	2024 年 3 月第 1 次印刷
书　　号	ISBN 978-7-221-18176-3
定　　价	58.00 元

未小读
UnRead Kids
和世界一起长大

客服咨询

本书若有质量问题，请与本公司图书销售中心联系调换
电话：(010) 52435752

夜空冲浪指南

UNIVERSAL GUIDE TO THE NIGHT SKY

[澳] 丽莎·哈维·史密斯 著

[澳] 索菲·比尔 绘

孙正凡 张琳 译

贵州出版集团
贵州人民出版社

目　录

第一章

坐地观天奇景多

你是否曾在夜晚仰望星空，为头顶上闪烁的群星而感到惊奇？

每天晚上，当你刷好牙，然后慢慢爬上床时，你卧室的窗外正在上演一幕幕叫人啧啧称奇的大戏。随着黄昏时天色逐渐变暗，成千上万的星星在夜空中闪烁，就像点缀在织毯上的珠宝。除了恒星，还有明亮的行星、快速闪过的流星、闪耀在深空的星团，以及许多其他令人兴奋的宇宙角色。只要掀开窗帘一角瞥一眼，你就能看到绚丽光彩正在窗外等候。

我在你这么大的时候喜欢上了观星。我发现了一个迷人的新世界。我学到的知识越多，就越熟悉我在英国的家上方的星空。我最喜欢的星座（人们联想出的群星的形状）是仙后座（在天上看起来像字母"W"）和大熊座。但现在我住在地球的另一边——澳大利亚。我在这里根本看不到那些熟悉的星座形状。我不得不学习认识全新的星座，比如看起来像茶壶的人马座，还有南十字座。

小时候，我和父亲会在夜幕的掩护下，蹑手蹑脚地走进后花园，仰望天穹，欣赏那令人惊叹的闪烁星光。

现在我长大了，我仍然会花很多时间在晚上看星星，不管是在海滩、在花园，还是在山顶。

为什么我们在世界各地看到的星空不一样？

数万年来，人们根据星星编织美妙的故事。人们利用星星在陆地和海洋上导航，预测天气和季节变化，寻找食物和水源，并将其作为文化和精神之锚。随着人类开始环游世界，他们又在晚上围坐在篝火旁分享这些故事。

早在2500多年前，这些旅行者就清楚地认识到，在地球北半球（赤道以北）看到的星群与在南半球（赤道以南）看到的完全不同。古代科学家注意到，离赤道越近，从天空中看到的来自另一个半球的星座也越多。人们就这样第一次意识到地球是圆的。

白天与黑夜

地球绕太阳公转。地球与太阳的平均距离为1.5亿千米，但这个遥远的距离仍然足以让我们感受到太阳的光与热，这使植物得以生长，动物（包括我们）得以生存。

趣味事实

太阳是我们自己的恒星。它是一个巨大的气体球，其燃烧的能量源于叫作"核聚变"的反应。在太阳核心深处，微小的氢原子核聚合形成氦原子核，释放出热和光，向四面八方发射。

无论何时，地球表面都有一半面朝太阳，面朝太阳的一面就是白天。地球的另一半则背对着太阳，当然，这就是人们所说的黑夜。地球不停地绕着地轴自转，所以白天和黑夜的边界总是在移动。[1]

1 本书插图系原文插图。——本书所有脚注均为编者注

你有没有注意到太阳总是从东方升起，从西方落下？这是因为我们这颗星球在不断地从西向东自转，每天旋转一圈。我们周围的一切也都在旋转，包括地面和空气，因此我们根本感觉不到这种运动。对我们来说，好像是我们站在原地不动，而太阳在天空中穿行。

一天有多长？

哦，这个问题很简单。是24小时，对吧？

其实事情也没这么简单。地球相对于太阳自转一圈的时间是24小时。这被称为一个"太阳日"，但并非是衡量"一天"这个时间单位长度的唯一方法。

你如果从一颗遥远的恒星上观察地球，就会发现任意一点在地球上完整自转一周都要历时23小时56分4秒。这个时间被称为"恒星日"，即相对于恒星而言的"一天"。

为什么一个恒星日比一个太阳日大约短4分钟？这是因为地球在绕着太阳公转的同时还在自转，地球表面的定点每天要多花约4分钟才能再一次与太阳对齐。这就是为什么你最喜欢的星星平均每天会提前4分钟升起。

太阳日的长度在一年中也略有变化。在12月中旬，我们离太阳更近一些，太阳日会延长约30秒。而在3月和9月，太阳日会缩短20秒左右。

为了简便起见，我们的历法把所有日子都平均按24小时算。挺奇怪的吧？

趣味事实

太空中没有上下之分。"空间有上下之分"是重力造成的错觉——无论我们在地球表面的什么地方，重力都会把我们拉向地球的中心。这就是为什么当你在澳大利亚、南美洲、南极洲或非洲南部时，你不会觉得自己是上下颠倒的，尽管看着传统的地球仪时，你可能会觉得那些地方是朝下的，因为传统地球仪的北半球在上面，南半球在下面。

年复一年

一年是地球绕太阳公转一周所需的时间。但是你知道公转一周共需要365.25天吗？

为了简化历法，我们假设一年恰好有365天，然后每隔四年补上一天（2月29日），这一年我们称为闰年。那些在2月29日出生的人会错过很多次生日！

地球绕太阳运行的轨道形状并非正圆，而是椭圆。在离太阳最近的时候，也就是在1月，我们距离太阳"仅仅"1.471亿千米。7月，地球运动到这个椭圆轨道上距离太阳最远的地方，此时地球距离太阳1.521亿千米。最近距离和最远距离相差500万千米！然而奇怪的是，这并不是季节变化的原因。

季节变化的原因是什么？

地球有点歪斜。是的，你没有听错。地轴是歪的，它与地球的公转轨道面有个23.5度的倾角。

在一年中的6个月里，北半球倾向太阳，而在另外6个月里，南半球会得到太阳的更多"关注"。当你所在的半球倾向太阳时，阳光更强烈，白天更长，天气更温暖。穿上短裤和T恤，夏天来了！

冬天正好相反：你所在的半球远离太阳时，热量和光照更微弱，白天变短，气温降低。冷死了！春天和秋天在夏天和冬天之间，这时南北半球从太阳那里获得的"爱和关注"是相同的。

地球并不是唯一在绕太阳公转时倾斜的行星。火星、土星和海王星也有相似的转轴倾角，这意味着它们和地球一样有季节变化。你可以通过观察土星光环角度的变化，或通过观察数年内火星极地冰盖大小的变化，来体会这些行星的季节变化。水星和木星的转轴倾角比较小，因此没有这样的季节周期。

金星的转轴倾角大约是177度，这意味着与其他行星相比，它几乎是上下颠倒的。我们不确定这是如何形成的，可能是数十亿年前，金星和另一个岩质天体在太阳系（由太阳和所有行星、卫星、小行星等组成）形成期间发生过一次猛烈碰撞。天王星之所以"躺着"可能也是因为遭遇了类似事件——这颗行星的转轴倾角大约是98度。

趣味事实

世界上许多地方都有春、夏、秋、冬四个季节，但是热带地区（地球上靠近赤道的地区）只有两个主要的季节：雨季和旱季。因为赤道地区全年日照充足，这导致了大量的降雨，随之而来的是漫长的干旱期。澳大利亚热带地区的土著根据天气、风向以及鸟类和动物的行为，总结出了6个季节。

飞奔的太阳系

在运动的并不只是行星。我们的太阳系绕着银河系的中心飞驰，银河系就是我们所在的星系，一个由1000亿到4000亿颗恒星组成的巨大星系。银河系有好几条旋臂，它们由恒星和气体等组成，像章鱼腿一样缠绕着银河系的中心。对观星者来说，这是极其美妙的景象。

趣味事实

太阳系绕银河中心运行的速度达到了惊人的每秒220千米，大约2.3亿年才能绕我们这个旋涡家园一圈。这个时间被称为1银河年。

在未来几十万年里，随着恒星在银河系中移动，我们的后代将慢慢见证夜空中熟悉的星群发生大规模重组，所有我们熟悉和喜爱的星座都会消失。

这只是表明，宇宙中没有什么是永恒的。

坐地观天的五大事实

1 在北半球看到的星星之所以与在南半球看到的不同，是因为地球是圆的。

2 地球不是一个完美的球体，其形状的学名是"扁椭球体"。

3 太阳之所以东升西落，是因为地球每天都自转一周。

4 地球上之所以有四季，是因为地轴是倾斜的，使得太阳直射点在南北回归线之间迁移，因此同一地点在不同时期得到的太阳光照强度不同。

5 太阳系约2.3亿年环绕银河系一周，这称为1银河年。

第二章

我们开始观星吧

星座

数千年来，人们一直在研究夜空，试图弄清看到的一切。我们的祖先辨认出了最明亮的恒星构成的形状，并编织了许多故事，来描述它们如何与世界相互影响。这些星座之所以意义重大，是因为它们将我们与过去联系在了一起。它们也非常实用，可以作为天空中的标记，告诉那些按照传统方式生活的人何时播种、采集和收获食物，并帮助人们进行远距离导航。

> **趣味事实**
>
> 组成星座的那些恒星并不是真正的恒星群，它们也不是在引力作用下聚集在一起的。只不过从我们在地球上的视角看，它们在天空中彼此相距很近，而实际上它们大多数相距数万亿千米。那可不是一般的远！

从中国的玄武到南非的长颈鹿[1]，每个文化群体都有自己的星座命名方式。有些群体认为星座不是由星星组成的，而是由星星之间的黑暗区域（暗星云）构

1　非洲南部的茨瓦纳人将南十字座看作长颈鹿。

成。著名的暗星云星座有"天上的鸸鹋"（它对于许多澳大利亚土著意义非凡），还有南美古印加文化中的美洲驼座、蟾蜍座和蟒蛇座。关于星星的故事和传统实在是太多了，你可以花一辈子的时间来研究它们。

如今全世界的科学家用所谓的88个现代星座来描述天空的各个区域。许多星座的形状源于古美索不达米亚和古希腊的神话故事。然而，它们并非比其他文化的星座形状更标准，甚至也并不一定比你自己眼中的星座形象更正确。

现在已经了解了基本知识，我们开始观星吧！

如何开始观星

首先，选择一个安全舒适的观星地点。这个地点可以是自家花园、阳台或附近的公园。带上成年人，他们是很好的伙伴，可以帮你拿东西，你也可以教他们天文学知识！现在，关掉所有室外灯光，找到一个尽可能暗的地方。你可以放一把椅子或一把沙滩躺椅，来获得更加舒适的观星体验。不要忘记穿合适的衣服，比如冬天要穿保暖的衣服，夏天要穿长袖以防蚊虫叮咬。

肉眼可见的星星成千上万，所以你很容易看得晕头转向。那么，怎么知道自己在看什么？如何辨认出那些令人激动的行星、星系、彗星和流星呢？首先，你需要一张星图。

星图

星图和普通地图不一样。它不会显示当地城镇的位置，也没有标注海岸线或国家边界。相反，星图展示的是夜空中的星星和星座。你如果仔细观察，还能发现隐藏的绝妙事物，如行星、

趣味事实

地球不断地在太空中移动和旋转，我们看到的星空也每时每刻都在变化，它们每晚都不太一样。因此，如果与星图相比，这些星星看起来"上下颠倒"或"横过来了"，请不要感到惊讶。别担心，于人类的寿命而言，星星之间的相对位置是不变的，只要稍加练习，你就能识别那些最亮的星星，无论它们出现在哪个方向。

星系、彗星、卫星，以及由成千上万颗恒星组成的闪闪发光的星团（我们将在第九章中介绍这些）。

我开始学习观星那会儿，电脑、智能手机还没问世，也没有相关的网站和应用程序。我小时候用的星图是打印在纸上的，装订成一本又大又厚的书，叫作"星图"。这意味着我要在黑暗中拿着手电筒摆弄厚厚的一摞纸，而且不太清楚目前地平线之上有哪些星星。

如今，电子设备使事情变得简单多了。许多优秀的天文网站和应用程序让观星变得轻而易举，下面我来介绍其中的一些佼佼者。

观星网站

Stellarium（stellarium-web.org）是很棒的网站，也有应用程序可供下载，无论何时何地，用户都可以利用它进行交互式观星。输入离你最近的城市或小镇的名字，准备好探索今晚可见的恒星和行星吧。你可以跟踪各类航天器，并为流星雨、日食、月食等天文事件做准备。流星雨指的是在某个晚上会出现许多流星，日食指的是太阳消失在月球后面，月食指的是月亮消失在地球的阴影里。

Stellarium有放大、缩小功能，你可以把整个天空想象成一个圆形穹顶，就像天文馆那样，还能仔细观察单个天体。点击并拖动星图上的任意一点，就能查看那个方向的夜空。地平线上标注了东西南北，你可以借此确定自己的方位。

趣味事实

为了绘制星图，我们把夜空想象成一个围绕着地球的镶满星星的大球，称之为"天球"。

Stellarium 是观测夜空的绝佳工具。触摸星系图标，星图上可显示深空天体，即星系、气体云和星团等较暗的天体。点击任何恒星、行星或其他天体，你可以了解有趣的信息，包括它的亮度（称为"星等"，更多信息请参阅第122页）、距离、大小等。

星图中的星座轮廓可以随意开启或关闭，这取决于你是想专心观测恒星和行星，还是想了解某星座位于何处。夜间观星时，你可以开启"夜间模式"，这时屏幕将变为红色，以保护你的夜视能力。你可以使用搜索功能找到夜空中的几乎任何天体。

最重要的是，你可以把当前位置设定为世界上的任何地方，这样，你就可以去探索巴西、博茨瓦纳、柏林、曼谷等国家和地区的星空啦！这些设置可以让你玩得很开心。

观星应用程序

智能手机和平板电脑上有一些很棒的观星应用程序，无论住在地球上的哪个地方，你都可以在这些应用程序上看到夜空星图。这些应用程序的优点是便于携带、容易上手，在室外将手机对准某恒星、行星或星座，它就能识别出其身份，你也能了解更多相关信息。

智能手机和平板电脑上有很多这类夜空应用程序。我使用过Sky Guide、SkyView和Stellarium，不

过 Star Walk、Night Sky、Star Chart、SkyWiki 和 Sky Map 也值得一试。多尝试几个，看看哪个适合你。

听起来像太空

用视觉以外的感官来探索宇宙也很有趣。

《触摸宇宙》（*Touch the Universe*）是一本帮助视障人士体验宇宙奇观的天文学书。这本书同时使用盲文和大字标题，配有14页精彩的哈勃空间望远镜照片，使用凹凸印表现出各种天体，比如恒星、气体云和射入太空的气体喷流。

查查看

美国航天局的声音化处理网站 chandra.si.edu/sound 也是一个值得探索的好地方。在这个网站上，科学家把美国航天局望远镜拍摄的照片转换成了迷人的声音。来看看吧！

值得探索的五大应用程序和网站

1 stellarium–web.org

2 Sky Guide

3 SkyView

4 Star Walk

5 chandra.si.edu/sound

第三章

你的星座提要

如果观测点非常黑暗，周围地平线上没有遮挡，你可以用裸眼看到多达4500颗恒星。不过，除非住在荒野，否则你头顶上的夜空难免被路灯照亮。我们称之为"光污染"，这对观星者还有地球来说都是一个大麻烦。城镇的天空存在严重的光污染，人们可能只能看到几百颗最亮的星星。

趣味事实

天空、建筑外部、农村等地方不必要的夜间照明对动物有害，因为它们依靠大自然的昼夜交替规律来觅食、导航、繁殖、迁徙和作息。节能型照明是最优解，而且要有遮光罩，以使光线只照到需要的地方。

但不要害怕。即使是关掉灯从卧室的窗户往外看，你仍然可以欣赏到夜空中最美、最亮的那些星座。要有耐心，给你的眼睛一些时间来适应黑暗。大约10分钟后，你就能看到更多的星星了。

无论你在哪里仰观宇宙，这本书都能帮助你探索北方和南方天空的壮丽群星和星座。

轮到你了

城市里的小朋友可以在成年人的陪伴下，在公园、海滩等地寻找黑暗的星空观测点，也可以考虑去没有灯光的墙壁、树木或建筑物的阴影下（可以访问网站darksitefinder.com）。你甚至可以说服大人在晴朗的夜晚带你去乡村看星星。"这很有教育意义！"

猎户座

几乎在地球上的任何地方都能看到猎户座。住在热带地区的人几乎每天晚上都能看到这个壮丽的星座升上高空。住的地方离赤道越远，一年里就有越长的时间看不到这个著名的星座。

猎户座的形状非常引人注目。从北半球看，它就像神话中的猎人，手持一根棍棒和一块盾牌。猎户座的主体由七颗耀眼的亮星构成，其中右肩上是参宿四，呈深橙色。中间三颗较暗的亮星斜着排列，组成猎户座的腰带。腰带上挂着"猎户之剑"，由三颗恒星和猎户座大星云组成。

到了南半球，猎户座看上去是颠倒的。南北半球皆可见的任何星座都是如此，甚至月球也不例外，我

们将在第六章看到这一点。这是因为跨过赤道之后，你就是从相反的角度看天空了。

猎户座是一个很方便的"路标"，可以帮你找到许多有趣的天体。沿着猎户座的腰带直线前进，你可以找到大犬座的天狼星，它是整个天空中最亮的恒星。猎户座腰带的另一个方向指向金牛座的深橙色恒星——毕宿五。

趣味事实

在古希腊神话中，猎户座是巨人俄里翁的象征，而在澳大利亚东南部流传着的许多土著故事中，猎户座象征着拜阿姆，他是人类始祖，手持回旋镖。据说，拜阿姆在追赶一只鸸鹋时被绊倒了，因此他看起来是倒立着的。

沿着猎户座腰带和毕宿五的连线再往前，我们可以看到光彩夺目的昴星团，它是非常年轻的蓝色恒星群。许多人可以用裸眼看到其中的6颗恒星，有些人可以识别出7颗。你能看到几颗？不要忘记使用Stellarium网站或其他应用程序来更深入地探索你头顶上的夜空！

南十字座

对于住在南半球的人来说，最容易辨认的星座是南十字座。南十字座是现代88个星座中最小的一个，但非常有名，许多国家的国旗上都有它的身影，包括澳大利亚、新西兰、萨摩亚、巴布亚新几内亚和巴西的国旗。它由四颗明亮的恒星组成：十字架一、十字架二、十字架三、十字架四。其中一颗星星颜色略带橙色。你能看出是哪一颗吗？

环绕南十字座的是半人马座，其轮廓像一种半人半马的神话生物。古希腊人的想象力真是丰富！它的两颗最亮的恒星——南门二和马腹一，也被称为"指示星"，因为它们经常被用作寻找南十字座的标记。

如果你住在南纬35度以上的地方，比如新西兰、南澳大利亚、阿根廷或智利，那么南十字座一年四季总是可见的。

轮到你了

我们不能总是依赖技术手段来导航。如果电池没电了，或者手机没有信号，或者太空行走时缆绳断了，你飘了出去，那怎么办？这里有一种不用指南针或智能手机也能找到正南的方法。在天空中找到南十字座长轴的直线，将其与半人马座两颗指示星连接线的垂直平分线相交于一点。那就是南天极。然后向下落到地平线上，哈！你找到了正南方。

正南

大熊座和小熊座

如果你迷失在荒野里，或者漂泊在海上？赶紧找到北极星吧！数千年来，它一直为北半球的人们指引方向。北极星与北天极的距离极近，因此它非常适合用来辨别方位。它是小熊座里最亮的一颗星，小熊座就像游乐园里的旋转木马一样不断地绕着北天极旋转。

陪伴着这只"头晕目眩"的小熊的，是雄伟的大熊座。大熊座深受人们喜爱，它有7颗明亮的恒星，不同地区对其形状有不同的叫法，有叫犁、北斗的，还有叫平底锅的！你可以自行决定叫它什么。勺子头部的两颗明亮的星星分别是天璇、天枢，它们的连线正好指向北极星。

北天极的另一侧是仙后座，这是一个歪歪斜斜的"W"形的星群，它代表古希腊神话里的埃塞俄比亚王后。环绕北极星旋转的还有弯弯曲曲的天龙座，以及暗淡的、呈盒子形的仙王座，它代表埃塞俄比亚国王。北半球的天文爱好者每晚都可以探索这些星座，因为它们从不落下。

趣味事实

几千年来，地轴一直在"摇摇摆摆"，指向不同的方向。这种运动有个不寻常的名字——岁差。它是由月球和太阳对地球赤道隆起部分的引力造成的。岁差的周期约为2.6万年，在这段时间里，南北天极会慢慢地绕着天空旋转一圈，然后回到最初的位置。

轮到你了

把你的手臂向前伸直，手掌朝着观测方向。小指的宽度大约是1度[1]，拇指大约是2度。现在，把中间三根手指并拢，这大约是5度。握紧的拳头大约宽10度，伸开的手掌大约宽20度。你可以用这个方法实际测量一下北斗七星（约20度）和南十字座长轴（约6度）角距离的大小。

---

1 在天文学中，度是用来测量天空中两个物体之间的角距离的单位。角距离是指从一个位置观察两个物体时，这两个物体之间的夹角。例如，当我们看着天空中的两颗星星时，它们之间的角距离就是我们眼睛与这两颗星星之间所形成的夹角。

北半球的明亮星座

熟悉了大熊座后，你就可以利用它来寻找照亮北半球天空的其他奇妙星座了。

大熊座的旁边是御夫座，不过我觉得它看起来更像一个戴着王冠的国王。你可以在热带地区或北半球看到这个壮观的恒星群。

在大熊座身体下方40度的地方，你可以找到威猛的狮子座。如果你能认出狮子，那你就比我做得好！我个人认为，它看起来像一个左右颠倒的问号，圆点那个位置是该星座最亮的恒星——轩辕十四。

轮到你了

找一下小而迷人的海豚座吧。你可以想象它正在浪花之上欢快地跳跃。它是少数几个"名副其实"的星座之一！

御夫座和狮子座之间是双子座。这个星座有两颗醒目的亮星：北河二和北河三。在希腊神话中，这两颗恒星象征着卡斯托尔和波吕克斯，许多较暗的恒星构成了这对双胞胎兄弟的躯干、手臂和双腿。

大熊座的尾巴指向牧夫座的大角星，这是一颗光芒四射的红色恒星。牧夫座让我想起了微风吹拂的日子里高高的风筝。牧夫座的旁边是细长如新月的北冕座。

天鹅座就在不远处。这只天界水禽外形细长，非常美丽。附近是天琴座的织女星，你一定不会看漏这颗明亮的蓝色恒星。

"茶壶"里的"蝎子"

生活在赤道以南的人在冬季的晚上可以看到两个富有神话色彩的星座：天蝎座和人马座（又叫射手座）。在北纬40度以内的地方，你依然可以看到它们，不过它们已经非常接近地平线了，而且只有在盛夏的几周里才能看到。

天蝎座在六七月间高挂在南半球的天空，蔚为壮观。深红色的心宿二是天蝎座最亮的恒星，蝎子蜇人的尾巴形成优雅的曲线，这些都是天蝎座的主要特征，你一眼就能准确无误地把它认出来。

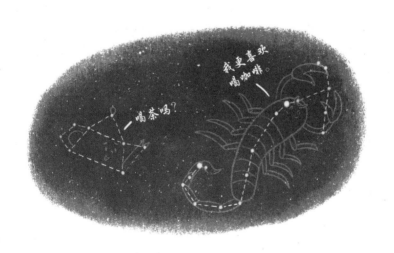

天蝎座毒刺的近旁是人马座。如果把星座里所有的暗星都连起来，你就能看到一个拉弓射箭的半人马的形象。但对我们大多数人来说，它只是"茶壶座"，因为人马座最亮的那些恒星勾勒出来的就是茶壶这个日用品的形状。

启动火箭引擎，现在是观星时间！

　　以上只是你可以探索的明亮恒星和星座中的一小部分。启动你的火箭引擎吧，因为你现在已经准备好开始真正的观星冒险了。查看天气预报（云可不是观星者的朋友），不要忘记使用前文提到的Stellarium网站和应用程序来更深入地观察头顶上的夜空！

趣味事实

　　人马座有个无比黑暗且强大的东西：一个超大质量黑洞，重量是太阳的400多万倍！它被称为"人马座A*"。A*读作"A星"，它标志着银河系的中心。但你看不见它，因为它是黑色的，隐藏在一片漆黑的太空尘埃云的深处。你得发挥想象力！

开始观星任务前的五大建议

1 通过识别2—3个关键星座来确定自己的方位。

2 访问Stellarium网站或应用程序，了解准备工作和重要信息。

3 下载适合自己的应用程序。

4 查看天气，多云的夜晚并不适合。

5 寻找光污染最少的地点，让眼睛适应黑暗。

第四章

观星工具包

我永远不会忘记第一次通过天文望远镜看到土星的情景。那年我13岁，母亲带我去参加一个地方举办的"观星之夜"活动。活动在英国乡下举行，观测点非常黑暗，有一台比我还大的巨型天文望远镜！用裸眼来看，土星就像一个闪闪发光的黄色光点。但在这台巨大的天文望远镜里，它变成了一个金色的球形宇宙装饰品，周围环绕着无数精致的光环。那景象真是令人叹为观止。

无论是学习辨识星座还是对着月亮发出惊叹，无论是看到流星还是凝视最明亮的行星，你都不需要花哨的工具包。但是，天文望远镜可以让你看到成千

上万的天体，向你揭示行星和卫星的细节，让你大吃一惊。

从哪里开始？

经常有观星初学者问我："我应该买什么天文望远镜？"

我的答案是什么呢？不要急着去买高级的天文望远镜。先从一副双筒望远镜开始吧。

双筒望远镜是初学者探索宇宙的理想工具。它们使用方便、容易携带，价格也不贵。它们有很大的视野，你可以一次性看到很大一片天空。如果你家里没有足够的空间放置笨重的天文望远镜，它们是很好的选择。

双筒望远镜

双筒望远镜就是两个小的单筒望远镜并排贴在一起。它们的工作原理是通过弯曲光线欺骗你的眼睛和大脑，让你认为物体比它本身看起来更大。

双筒望远镜的一端有弯曲的玻璃，称为透镜，你可以将其对准天空。来自恒星或行星的光线通过透镜时会弯曲，从而在镜筒内汇聚成图像。双筒望远镜的另一端（你看的那一边）是一个较小的透镜，称为目镜，它放大光线，使物体看起来更大。

镜筒内有几块楔形玻璃，称为棱镜。镜头将图像倒转后，棱镜又对其加以校正——双筒望远镜内部肯定是一团糟！总之，这种巧妙的设计可以使你看到更大、更亮的图像，而且图像没有上下颠倒。

哪种双筒望远镜最适合观星？

为了让你的购买物有所值，我推荐物镜直径至少为50毫米的双筒望远镜。这将使你的"天文寻宝活动"收获更丰，因为你看到的天体会比肉眼看到的更大、更亮。如果你买不到天文双筒望远镜，用于观鸟的小型双筒望远镜也可以，尽管它们的物镜较小，不能收集足够多的光。它们最适合用来观测月球和行星等比较亮的目标。

我的第一副双筒望远镜是二手货，至少有30年的历史了。它是我的爱用之物，我用它探索夜空，度过了许多快乐的岁月。它的放大倍率是10倍，物镜直径为50毫米（也可以叫10×50），在观察月球环形山和木星四颗最大的卫星方面非常出色。我经常纳闷，这种双筒望远镜如今哪儿去了？

现在有参数更高的双筒望远镜，例如20×80的，即放大倍率为20倍，物镜直径为80毫米。这类望远镜都是观星的极好选择，不过它们比较重，不容易拿稳。在我看来，10×50的望远镜对于初学者来说是一个很好的选择。

如果你拿不稳望远镜，星星就会"跳来跳去"，所以可以考虑把望远镜固定在三脚架上。这样你还可以腾出手来查看夜空应用程序或拍照。只要稍加练习，你就可以将相机镜头对准双筒目镜拍照。绝对可以给朋友留下深刻印象！

天文望远镜

天文望远镜能让你观察夜空的视野更加开阔。但是望远镜种类繁多，让人眼花缭乱。以下是你需要了解的内容。

趣味事实

你知道吗？大多数天文望远镜都会把夜空图像颠倒过来。不过别担心，太空中没有上下之分，我们只需顺其自然！

天文望远镜利用对准天空的反射镜或透镜来收集光线。带反射镜的望远镜叫反射望远镜，带透镜的望远镜叫折射望远镜。无论选择哪种类型的望远镜，都请记住，反射镜或透镜越大，图像就越明亮。

天文望远镜另一端的目镜将收集到的光线放大，从而生成放大的图像。你可以根据需要的观测视野大小来选择不同的目镜。广角目镜非常适合用来观测月球或大型星团，而倍率更高的目镜可以放大天空的一小块区域，非常适合用来研究星系或遥远的行星。

镜筒侧面装有一个可爱的小寻星镜，它可以帮你将镜头对准观测目标。

别碰到它

利用天文望远镜观测到的图像是经过放大的，因此即便是轻微的移动（比如不小心碰到了镜筒）也会导致目镜看到的图像剧烈摇晃。**没有人喜欢晃来晃去的星星。**为了避免这个问题，你可以将天文望远镜固定在一个稳定但可移动的平台上，这个平台叫作支架。

最神奇的天文望远镜支架是由计算机控制的，名为"Go To"系统。你可以在系统中输入任意天体的名称和坐标，然后与支架连接的计算机就会驱动电机，将天文望远镜

精确地对准天空中的位置。

有些人认为这是作弊，但不得不说，这是一项非常了不起的发明。地球自转个不停，头顶上的星星逐渐移动，哪个观星者不想轻松地跟踪自己在天空中的目标呢？

选择哪一种天文望远镜？

你经常使用的天文望远镜就是最好的。

如果你有足够大的储物空间，我建议你买一台物镜直径不低于150毫米的反射望远镜。道布森式望远镜（可以上下点头和旋转的望远镜）是一个很好的开始，因为它相当容易操作。然而，大型望远镜比较笨重，安装起来也需要时间，所以要注意，不要买不经常用到的型号，不然它们就得在库房积灰了。

台式反射望远镜更便携，也不失为一种选择。顾名思义，可以把它放在阳台或后院的桌子上。我还是推荐物镜直径不低于150毫米的型号，因为小号物镜的观测效果可能十分不理想。

你也可以选择折射望远镜，其优点是轻巧便携，缺点是若镜头不够好，恒星和行星的颜色就有可能失真。

坐着观星的人（比如坐轮椅的人）可以选择道布森台式望远镜或折射望远镜，后者可以根据自身需要安装在合适高度，这两种都能让观测者拥有较为舒适的观星体验。

你还可以请教有经验的观星者，先试后买。访问当地的天文学会或参加公开举办的"天文之夜"活动，热心的业余天文爱好者会在这些场合与其他人一起使用自己的天文望远镜。一些公共图书馆也会出租天文望远镜。

你如果现在还没有闪闪发光的新的天文望远镜，也不用担心！我小时候就没有天文望远镜，因为太贵了。一副双筒望远镜也能让你在星海快乐畅游许多年。

天体摄影

天体摄影指的是拍摄星空。这是一项非常有意义的工作，因为它能把你在观星探险中看到的璀璨星空永久记录下来。

天体摄影与拍摄星空快照不同，你得将快门开合一次所需要的时间设置得长一些，以增加相机接收到的微弱星光，从而拍摄出更明亮的照片。这叫作"长曝光摄影"，因为相机长时间暴露在星光下。

通常数码单反相机拍摄的天体照片效果最好。这是专业摄影师使用的一种又大又笨重的相机。但智能手机的相机技术也在迅速更新迭代，只要知道自己想要什么拍摄效果，你也可以用智能手机拍出很棒的照片。让我们卷起袖子，亲自尝试一下吧。

用智能手机拍摄星空

我建议大家先尝试用智能手机拍摄星空，因为它既有趣又简单易学。我喜欢在晴朗的夜晚到户外拍摄猎户座和南十字座等星座，还有比较暗淡的彗星或极光。你也可以试一试。

用智能手机拍摄星空并不是简单地将手机对准天空拍照。你可能会发现手机屏幕一片漆黑。但别紧张。很多巧妙的夜间相机设置和应用程序可以帮你拍摄长曝光照片。只要稍加练习，你一定能拍出很棒的照片。

> **趣味事实**
>
> 你可以让其他景物出镜，以使天体照片更加壮观。比如拍进树木、建筑物等，甚至你自己出镜也可以，只要你喜欢。但是千万要站稳了！

拍摄时，曝光时间越长，飞机、卫星甚至流星等激动人心的物体入镜的概率就越大。飞机机翼上有红色和绿色的导航灯，在照片上显示为彩色条纹，直升机和无人机应该也有这种导航灯。流星在照片上就是一条短而明亮的轨迹，轨迹偶尔会在一端"炸开"。卫星就比较无趣了，就像有人用白色的笔在照片上画了一条直线。

拍摄星轨

星轨是一种半圆形的光弧，曝光时间极长的夜空照片可以捕捉到它。恒星在地球自转时绕着天极移动，进而产生了星轨。曝光时长为5分钟的照片可以捕捉到星体运动的细微痕迹，曝光时长达30分钟的照片上则呈现明显的运动痕迹，3—6小时的超长时间曝光则能捕捉到银色恒星运动弧线形成的巨大旋涡。

注意观察星轨组成的旋涡，中心的恒星几乎没有移动，而边缘的恒星则划出了长长的弧形轨迹。旋涡的中心就是南极或北极，这里几乎没有任何星轨。如果你有足够的耐心，这也是找到天极的另一个好方法！

轮到你了

打开手机上的相机应用程序，选择"夜景""天体摄影"或"专业"模式（如果有的话）。如果没有，请下载一个天体摄影应用程序，比如苹果手机可以下载 NightCap Camera，安卓手机可以下载 ProShot，然后选择"长时间曝光"或"星空"模式。不同应用程序的拍照模式命名会有所不同 [例如，ProShot 叫"光绘"（light painting）模式]，因此请查看应用程序的说明。关闭闪光灯并对焦至无限远（∞），完成长曝光照片的设置。

将手机安装在三脚架上，让镜头对准天空——最好是有趣的地方！如果没有三脚架，可将手机靠在稳固的物体上，使其保持不动。准备就绪后，点击相机按钮，开始拍照。

许多智能手机的屏幕会显示实时合成的图像，随着曝光时间越来越长，星星会越来越亮。你可以自行判断现在屏幕里的星星是否足够亮。我建议等待20—30秒，然后再次按下快门按钮完成抓拍。

如果图像模糊，请尝试开启自拍定时模式或声控拍照模式，以避免手触屏幕时连带镜头晃动。如果画面太暗，可将快门打开更长时间。在拍出完美的照片以前，不要害怕尝试不同的设置。

过程就是这样。你用手机拍摄了第一张宇宙照片。看起来怎么样？

进行较长时间的天体摄影时，别忘了将手机连上便携式充电器，以防手机在捕捉绝美画面时突然没电。

使用专业相机

　　使用数码单反相机，你可以拍摄到一些令人惊叹的夜空照片。很多书籍、杂志和网站介绍了如何使用专业相机进行天体摄影，感兴趣的小读者可以自行查阅。要探索的东西太多了，要花一生的时间才能全部学会。但从今天起，你的学习之旅就开始了。

充分利用观星装备的五大技巧

1 不要觉得自己需要最新、最闪亮的设备。二手或借来的设备就可以。

2 加入当地天文学会，结识志同道合的朋友，共用设备，共长知识。

3 拍摄夜空，熟能生巧。

4 别忘了给手机充电！

5 书籍、杂志和网站是重要信息来源，可以让你开始更多地了解宇宙。

第五章

观测行星

自太阳系形成以来，行星一直是夜空中较亮的天体之一，尽管它们本身并不会发光，只是通过反射太阳光让自己看起来像在发光。即使在今天，它们也是所有观星者（从初学者到专业人士）尤为耀眼的观测对象。1992年，我父亲在报纸上读到一篇文章，说那天晚上用裸眼可以看到火星。期盼看到这颗红色星球让我们兴奋不已，我们一直等到天黑，用手电筒照亮了一张小小的星图，费了好大劲儿才找到那些我们不熟悉的星座。终于，我们看到了它——一个比周围星体更明亮的橙红色小圆球。我惊呆了，原来不用望远镜也能看到遥远的行星。这次经历永远地改变了我对夜空的看法。

我们的太阳系拥有丰富的观星资源，尽管太阳有点讨厌，平均每天有12个小时遮蔽了我们看向宇宙的视线。但这颗恒星也很擅长照亮那些"藏在"太空里的黑暗天体。太阳系的行星、小行星、彗星和卫星（是的，其他行星也有卫星）不像恒星那样会发光。它们反射来自太阳的光，如果没有太阳的光，我们就完全看不见它们。

大约46亿年前，太阳系从太阳星云中诞生，太阳星云由飘浮在太空中的巨大气体云和微小尘埃颗粒组成。引力将太阳星云聚拢，太阳星云不断收缩，还开始旋转，形成了一个像煎饼一样的扁平圆盘。圆盘上的团块聚集收缩（引力又是"罪魁祸首"），太阳、行

星和卫星就诞生了。时至今日，这个扁平的圆盘依然存在，所有行星都以相同的方向围绕太阳运行。太阳、行星和卫星循着天上的一个大圆出没在天宇，这个大圆被称为黄道。

我们来认识一下太阳系的行星，并学习如何观测它们吧。

水星

水星是一颗小个头的岩石行星，只比月球稍大一些。它是太阳最亲密的朋友，大约每88天绕太阳公转一周，从未离开过其近旁。它离太阳最远的角距离是28度，这大约是一个手掌加一个拳头的宽度。这就是为什么只有在日出或日落时才能看到水星。行星与太阳的最远距离叫作"大距"。水星东大距时，它在太阳东侧，因此在日落后可见；西大距时，它在日出前可见。我通常专注于观测东大距，因为我不喜欢早起。

用裸眼看去，水星好似从暮色中探出头来的一个银色光点。水星的亮度取决于它离我们有多近，以及它的表面被照亮多少。你无法用双筒望远镜看到水星的太多细节，它也没有自己的卫星，但一台小型天文望远镜就可以帮助你观测到它围绕太阳运行时不断变化的盈亏状态。

水星的位置一直在变化，要想在清晨或傍晚的天空中捕捉到它那美妙的微光，就不要掉以轻心。

查查看

登录天文网站，比如earthsky.org，看看你住的地方什么时候能看到水星。

金星

金星是离太阳第二远的行星，它没有卫星。从地球上看，金星一定是夜空中最壮观的景象之一。它是一颗耀眼的亮星（有些人误以为它是不明飞行物），是所有观星人的完美目标。金星大距时离太阳47度，所以它的可见时间比水星要长得多。

金星大约每225天绕太阳公转一圈，在这个过程中，太阳会依次照亮它的不同部分。金星的盈亏状态变化很大，接近地球时，它是一个大而细长的月牙形；距离地球最远时，它又变成一个矮胖的、近似圆形的形状。用一副好的双筒望远镜可以看到金星的盈亏，不过用天文望远镜看得更清晰。

火星

火星通常被称为是"红色星球"。富含铁的表层土壤和频繁的沙尘暴使这个遥远的世界呈现出橙红色。

火星是一颗外行星，所以它与地球的距离变化很大。火星冲日时最大且最亮，状态相当于满月；火星合日时距离地球很远，同时

趣味事实

一台业余的天文望远镜就能揭示火星的许多秘密。火星表面可观测到明暗相间的斑块，是被细微尘埃覆盖和暴露出深色岩石的不同区域。这种表面特征不时会被肆虐整个星球的大规模沙尘暴掩盖。

在地球上是不可见的，状态类似于新月。地球与火星的最近距离约为5500万千米，最远距离则超过4亿千米。这个从最近到最远的循环周期大约为26个月。

大多数小型天文望远镜可以观测到火星的极地冰帽，至少在火星冲日前后可以观测到。火星的极地冰帽由冰和冻结的二氧化碳组成，看起来就像两极上的白色圆盘。借用中型业余望远镜（例如物镜直径300毫米的反射望远镜），观测者可以隐约看到火星的小行星卫星——火卫一和火卫二，它们就像伴随着火星的两个小光点。

木星

　　在裸眼观测下，木星呈白色。它是太阳系里最大的行星，到太阳的距离大约是日地距离的5倍。它体积巨大，内部可以装下1300多个地球。木星大气的云层能很好地反射阳光，使它看起来格外明亮。

　　用双筒望远镜可以观测到木星最亮的四颗卫星：木卫一、木卫二、木卫三和木卫四。截至2023年，木星已知的卫星共有95颗，上面这四颗是最容易看到的。

　　在小型天文望远镜里，木星看起来更加壮观。你能看到它的彩色条纹和大红斑，后者是一个时速超过400千米的风暴气旋。

　　木星有很多秘密，其光环就是一个。木星的光环

暗淡，乃由无数尘埃粒子组成，旅行者1号探测器直到1979年才首次发现它的存在。木星光环尽管直径超过了20万千米（约为地球直径的16倍），但从地球上是完全看不见它的。谁知道我们还遗漏了什么秘密！

土星

土星这位朋友有着华丽的光环。与其他遥远的行星一样，观察土星的最佳时间是在它冲日前后，土星冲日的周期约为12.5个月。裸眼看来，土星是一颗明亮的黄色行星，即使在光污染严重的城市也很容易看到。

与环绕木星那暗淡、微弱、几乎不可见的光环不同，土星拥有庞大而复杂的光环，它们由冰和尘埃粒子组成，非常明亮。你从后院就可以用一副不错的双筒望远镜看到它们。

趣味事实

你知道火星以外的太阳系外行星都是由气体构成的吗？这意味着它们没有固体表面，航天器不可能在上面着陆。天体生物学家（研究宇宙生命的科学家）认为这些行星不太可能孕育生命。

土星至少有146颗卫星，其中63颗有正式名称，最大的是土卫六。土卫六比水星的个头还要大，用大型双筒望远镜（物镜直径60毫米或更大）或小型天文望远镜就能观测到。对于地球上的观测者来说，许多卫星都太暗淡了，但借助物镜直径150毫米的天文望远镜，你可以看到更多土星的明亮卫星，包括土卫一、土卫二、土卫三、土卫四、土卫五和土卫八。

天王星

天王星处在太阳系的外围区域，远离温暖的太阳。像火星以外的所有外行星一样，它主要由寒冷的化学气体混合物组成，引力将它们紧紧聚拢在一起。天王星就像太阳的一面遥远的镜子，它很难将足够的光线反射回内太阳系，地球上的我们也很难看清它。

对于业余天文爱好者来说，天王星是一个棘手的观测目标。天王星冲日约一年出现一次，只有在这前后才能用裸眼观测到闪着微弱光芒的天王星。即使用双筒望远镜或天文望远镜，它仍然是一个不好研究的天体，因为它缺乏明显的特征。它真的只是一个蓝色的大圆球！每一次观测都是一次胜利——如果你看到了天王星那非常小的蓝色圆盘，那么你就做得非常好了。借助物镜直径至少200毫米的大型望远镜，你有可能观测到它比较大的两颗卫星：天卫三和天卫四。

海王星

太阳系中距离太阳最遥远的行星是海王星，它在离太阳平均有45亿千米的轨道上孤独地"颤抖"着。由于远离太阳，海王星绕太阳公转一圈大约需要164.8年。你永远无法用裸眼观测到这颗行星。

说来有趣，海王星是在1846年被发现的，当时天文学家发现其他行星的轨道被一个神秘的、不为人知的天体的引力改变了。他们进行了一些计算，并预测了这颗神秘行星的位置。瞧，它就在那儿！海王星很快就被至少三个独立观测者发现了。

从地球上看，海王星几乎没有任何特征，就是一个普通的蓝色圆盘。大多数业余天文望远镜都看不到它暗淡的光环和卫星。

关于太阳系的行星的五大提示

1 水星的位置一直在变化，要想在清晨或傍晚的天空中捕捉到它那美妙的微光，就不要掉以轻心。

2 璀璨的金星肉眼可见（有些人误以为它是不明飞行物），它是所有观星者的完美目标。

3 火星有两颗小卫星，可能是很久以前被火星引力捕获的小行星。

4 土星庞大的光环由冰和尘埃组成，它们非常明亮，只需一副不错的双筒望远镜就能发现它们。

5 在望远镜里，天王星就像一个模糊的蓝色圆球！

第六章

月球：地球的宇宙同伴

地球的这颗天然卫星的美丽和优雅已经让我们的祖先数万年来都为之倾倒。在一些古代文化中，月亮是男神或女神，其周而复始的活动赋予了我们生命。不管地球的这位宇宙同伴有着怎样的文化意义，它对于无畏的年轻观星者（就是你）来说都始终是一道亮丽的风景。

每个月，月球都沿椭圆轨道围绕地球运行一周。月球绕地球一周大约需要27.3天，这叫作一个"恒星月"。月球绕自身的轴线自转一圈也大约需要27.3天，这并非巧合。引力使这两块巨大的岩石相互吸引，让它们"鼓鼓的肚子"紧挨在一起。科学家称这种现象为"潮汐锁定"，也叫"同步自转"。正因为如此，月球总是以同一面对着地球，尽管月球的绕转轨道致使我们看到的月亮有时是残缺的。

> **趣味事实**
>
> 月球并不完全绕地球"公转"。它们实际上都绕着地月系的重心（地球和月球的平衡点）运行，就像坐跷跷板一样。这个点距离地球中心的平均距离为4671千米，这是从地心到地表距离的四分之三！

只不过是一个月相

由于月球、地球和太阳之间的角度在不断变化，我们每天都能看到月球的不同部分被照亮。从一次满月到下一次满月大约需要29天12小时44分2.9秒，这叫一个"朔望月"。

你可能已经注意到了，这个时间与恒星月（27.3天）有所不同。这是因为地球也在绕着太阳转，所以月球每个月都需要额外运行一段距离才能回到会合周期中的相同位置。

当太阳、地球和月球排成一线时，满月就会出现。在你的一侧，太阳沉入地平线，同时在你的另一侧，满月缓缓升起。月球爬上地平线，出现在树木、

建筑物等我们熟悉的风景旁边。这是一幅令人惊叹的画面，因为大脑会认为月亮比实际更近，因此看起来也更大。

满月之后，太阳、地球和月球不再完美地排成一条直线。这时太阳从一侧微微照亮了月球，这位岩石伙伴现在看起来像鸡蛋，我们称之为"凸月"。几天后，我们会看到半月（半圆形），这时的半月叫作"下弦月"（会合周期的最后1/4）。再过几天，它又变成了越来越纤细的月牙，这就是新月，最后消失在黑暗中。这时，从地球上看不见月球被阳光照射的部分，照亮的部分在月球背面。

轮到你了

你可以用以下方法证明地平线上的月亮并不是更大：伸长手臂，闭上一只眼睛，用小指指头完全遮住月亮。然后，等月亮升到高空时重复以上动作。你会发现二者大小其实是一样的。

趣味事实

你可能听过一个说法：月球是奶酪做的（我喜欢奶酪）。但很遗憾，月球表面是由一种叫作"月壤"的浅灰色粉末状岩尘构成的。这个放在三明治里味道虽然不太好，但它能将接收到的大量太阳光反射到太空中。这就是月亮在夜空中看起来如此明亮灿烂的原因。

新月之后，月相会再次经历相同的阶段：新月、上弦月（半圆形，即半个月亮）、鸡蛋形状的凸月，然后是被完全照亮的满月。

查查看

moon.nasa.gov 是美国航天局建立的一个很好的网站，你可以在上面看到详细的月相图片。

趣味事实

月球上坑洞最多的区域是它的背面，那一面永远背向地球。科学家以前不知道月球背面是什么样子，直到1959年苏联发射了无人探测器"月神3号"。"月神3号"绕到月球背面，拍摄了这片隐藏区域的第一张照片。

查查看

利用谷歌月球（google.com/moon）和美国航天局奇妙的月球勘测轨道器（lunar.gsfc.nasa.gov）等网站，探索月球的山脉、环形坑和平原的全貌。

趣味事实

月球是除地球外人类唯一踏足过的星球。1969年到1972年间，美国的宇航员先后进行了单程约38.4万千米的登月之旅。他们登陆月球，在上面行走（好吧，其实是兔子跳[1]）。美国航天局的月球勘测轨道器记录了这些历史性的时刻，现在你仍然可以在照片中看到他们留在月球表面的设备，甚至他们的脚印。

轮到你了

你可能会发现，通过每日记录月相来跟踪一整个月的月相很有趣。这需要一点耐心，但为了了解月亮这位太空岩石好友不断变化的面貌，这样的努力是非常值得的。

在每个晴朗的白天或夜晚画下月亮，勾勒出它的特征和月相，持续记录一个月。你如果不确定月亮在哪里，可以使用Stellarium或夜空应用程序来定位。通常情况下，月亮在白天也是可见的，特别是上弦月和下弦月的时候。记住，它也可能在地平线以下，但没关系，你可以在timeanddate.com/moon网站上查看它升起和落下的时间。使用该网站时，你得输入你的当前位置，因为世界各地月亮升起和落下的时间不同。

如果当前看不见月亮，那是因为它在地球的另一边（这可以理解），或者被云遮住了（这很不幸）。别担心，你仍然可以用一些方便的技术工具来研究我们这位满脸是坑洞的朋友。

---

1 月球的重力只有地球的六分之一，宇航员在月球上行走时会感到非常轻盈。为了更好地移动和保持平衡，宇航员会采取一种类似兔子跳跃的方式行进。

近距离观察

月球用裸眼看已经足够迷人，近距离观察就更美了。你如果没有双筒望远镜或天文望远镜，可以上网去探索月球地图。参加当地组织的天文观赏之夜是更好的选择，这样的活动不容错过！

观察放大的月球就像探索一个新世界。你会发现壮丽的山脉、遍布岩石的平原、巨大的陨石坑[1]、宁静的大海……等一下。大海？在月球上？好吧，它们并非水汪汪的海洋，也没有穿着宇航服的月球海豚朋友在水中戏水。但这些区域被称为"月海"（Maria，在拉丁语中意为"海洋"），因为伽利略认为它们可能是海洋，所以这个名字就流传了下来。我们现在知道，月海是数十亿年前冷却和干涸的熔岩平原，如今只剩大片平坦的深色火山岩。

早期的观星者从月亮表面的形状中看到了别的东西。他们看到的并非一系列的水成地貌，而是与神话故事或月神崇拜有关的生物。在亚洲和美洲的民间传说中，这些黑影被视为神秘的月兔，不过我个人觉得它看起来更像螃蟹。你会把月球的熔岩平原看成什么生物呢？

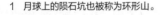

1 月球上的陨石坑也被称为环形山。

陨石坑是月球上最壮观的景观之一。月球的环形凹坑形成于40多亿年前，当时来自外太空的岩石经常轰击地球的这颗天然卫星。陨石坑大小不一，有的没有豌豆大，有的直径超过2500千米。许多较大的陨石坑边缘都有一圈山脉，大多数陨石坑的底部平坦，中心有一座小山，这是撞击时形成

的。在某些情况下，我们还能看到从陨石坑中的浅色尘埃反射出的亮光。

拍摄月球

在夜晚拍一张好的月亮照片是很有挑战性的，因为月亮在黑暗的夜空中显得格外明亮。不过幸运的是，你可以调整智能手机相机应用程序的设置，以获得最佳拍摄效果。

如果使用数码单反相机等专业设备，你能拍到更好的照片。记住，曝光时间要短，放大倍率要大，三脚架要稳。祝你好运！

什么时候观测

从地球上看，满月的表面特征很模糊。为什么呢？因为满月时，太阳几乎在月球的头顶上，所以光线不会在月球的山脉和陨石坑下投下任何阴影。亏月观测起来更有趣，在其表面摇曳的阴影中，凹凸地形清晰可见。

明暗界线

月球明暗区域之间的分界线叫作"明暗界线"，

这听起来令人兴奋[1]，而且确实如此！明暗界线附近可以看到令人惊叹的陨石坑、山脉和山谷，用一副双筒望远镜或天文望远镜看过去蔚为壮观。

月食

每隔几个月，地球上的某个地方就会出现月食。月食发生时，地球、太阳、月球恰好或几乎在同一条直线上，地球位于太阳和月球的中间。在大约1小时的短暂时间里，满月在穿过地球的阴影时会变暗。

趣味事实

满月比天空中最亮的恒星天狼星亮3万多倍。这是非常惊人的，因为月球本身并不发光。它本可以更亮，但月球土壤很暗，它反射回的太阳光不到接收到的四分之一。

查查看

访问 timeanddate.com/eclipse/list-lunar.html，看看你所在的地区下一次发生月食的时间吧。

轮到你了

试着画出你在明暗界线上能看到的所有陨石坑，并将自己的绘画与在网上找到的详细月球地图进行比较。

---

1 明暗界线在英文中叫作 terminator，也是电影《终结者》的英文原名。

月食发生时，月亮可能会变为暗红色，这种令人惊叹的天文现象有时被称为"血月"。这是因为当太阳光穿过地球的大气层时，蓝光在天空散射，而红光继续前行，给我们的邻居月亮投上暗红色的光晕。

在世界上任何特定地区，月食都大约每两年半发生一次。这是运用你的天文摄影技巧的极好机会，因为月亮比平时暗很多，而且颜色简直不可思议。

趣味事实

你可能想知道为什么月食不经常发生。太阳、地球和月球每个月不都会排成一线吗？不尽然。与地球绕太阳运行的轨道相比，月球绕地球的轨道有一点倾斜，所以它们并不是每个月都完全对齐。

关于月球的五大知识

1 月球绕地球运行的轨道形状类似于鸡蛋，运行一周大约耗时27.3天，这也被称为"恒星月"。

2 满月的亮度是最亮恒星天狼星的3万多倍，每月当太阳、地球和月球排成一线时都会出现满月。

3 要拍摄月亮，请将手机放在三脚架上，关闭闪光灯，对准月亮。放大画面并调低曝光度，使月球表面特征清晰可见。使用定时器或语音控制拍照，避免抖动。

4 用双筒望远镜或天文望远镜观察月球，可以看到陨石坑、山脉和月球表面的其他特征。

5 在世界上的任何特定地区，月食都大约每两年半发生一次。当满月逐渐变暗并变成红色时，你可以用裸眼看到月食。

第七章

太空岩石

想象一下人类还没有发现和利用电的时候。夜幕降临后，天空就像一幅深邃的黑色画卷，点缀着数千颗银色的星星。一天晚上，你抬头看到一个奇怪的新事物，它灼灼闪亮，戴着一顶发光的王冠。它的身后拖着一条长长的白色尾巴，像鬃毛一样飘逸。每天晚上，它都会慢慢地划过天空，随着尾巴越来越膨大，它也变得越来越明亮。

这个星际来客是谁？一个恶魔，还是神的使者？

彗星

古代人通常害怕彗星，我能理解其中的原因。夜空中出现了一位意想不到的、长相怪异的宇宙访客，这好像有些超乎自然了。但值得庆幸的是，由于科学的发展，我们有了更好的答案。

原来，彗星只是翻滚在太空中的又大又脏的雪球。它们由岩石和冰（冰在天文学中通常指太空中冻结的化学物质）混合而成，这些物质是在太阳系形成过程中留下来的。彗星的直径在数百米到数万米之间。大多数彗星的轨道都很长，呈椭圆形，大部分时间远离太阳，只有极少数彗星会来造访我们居住的太阳系内部。

当它们冒着风险到达地球附近时，太阳的热量会将其冰层融化并转化为气体。这形成了彗星的大气层（称为彗发）和彗尾。两者都能反射太阳光，因此从地球上可以看见它们。一旦彗星远离太阳，气体就会再次冻结，彗发和彗尾也随之消失，彗星又变回一颗黑暗的、冰冻的岩石，对我们来说又不可见了。听起来有些悲哀，不是吗？

彗星是难以预测的观测目标。有些彗星在接近太阳时会急剧变亮，有些则会熄灭，后者无疑是令人失望的。你永远不知道自己会得到什么。不过这恰恰增加了观星的刺激感。

趣味事实

我们之所以知道彗星是由什么组成的，是因为科学家曾发射航天器对它们进行过近距离研究。美国航天局曾用彗星探测器"深度撞击号"执行探测任务。"深度撞击号"成功发射后释放撞击器，成功撞入彗星的彗核。科学家对撞击坑进行了测量，以了解彗星内部有什么类型的岩石和化学物质。美国航天局发现，这些物质非常细腻，就像滑石粉一样，而这些化学物质也表明，这颗彗星是在天王星和海王星的轨道之外形成的。

十几岁的时候，我有幸在两年的时间里目睹了两颗令人惊叹的彗星。第一颗是百武彗星。1996年1月，日本业余彗星猎人百武裕司用一副25×150的双筒望远镜发现了它。1996年3月，这颗彗星的亮度达到了峰值，用裸眼就能轻松观测到。我至今还保留着一张模糊的照片，照片中的我正指着天空，背景是百武彗星和它那闪闪发光的尾巴。

次年，一场更加壮观的"星光秀"在小城上演。海尔-波普彗星是几十年来最亮的彗星，被称为"1997年大彗星"。那景象是真壮观啊，它几乎和天狼星一样明亮，还有两条尾巴。靠近太阳时，它受到太阳射出的粒子流（被称为"太阳风"）的撞击，表面的微小物质剥离，形成了又长又直的气尾。它的尘埃尾是由自身飞出的碎片形成的，弯曲成扇形并向一侧倾斜。

海尔-波普彗星的尾巴长度比它的整体外观更令人惊叹，它长长的尾巴约有40度，是猎户座的两

趣味事实

海尔-波普彗星于1995年7月被两个人分别发现。业余天文爱好者托马斯·波普与朋友在美国亚利桑那州的一片田地里进行观测时，瞥见了一个星图上不存在的天体。同一天晚上，天文学家艾伦·海尔在美国新墨西哥州的车道上寻找彗星，也碰巧看到了天空中模糊的斑点。两人都联系了天文机构，这颗彗星最终以他们的名字共同命名。

倍长！

你们是不是在想：要怎么才能看到彗星？从某种程度上说，看到海尔-波普彗星这样一颗真正伟大的彗星确实要靠运气。彗星每隔几十年就会出其不意地现身，在内太阳系中绽放自己的光彩，然后离开，再也不会回来——至少几千年内不会回来。

---

1 周期彗星分为两类，周期小于 200 年的称为短周期彗星，周期长于 200 年的称为长周期彗星。

轮到你了

想要捕捉你的第一颗彗星？请密切关注你所在地区的天文新闻，并定期在夜空应用程序中搜索所在地区可见的任何彗星。许多彗星都很暗淡，但任何能用双筒望远镜观测到的天体都不是那么难发现。狩猎愉快！

不过，有些彗星的轨道较小，更容易预测。最著名的是哈雷彗星，中国古人曾于2000多年前最早记录了它的出现。哈雷彗星每隔76年左右就会出现一次，就像钟表一样，下一次它将于2062年左右造访地球。那时你多大了？

通过双筒望远镜或小型后院望远镜，我们可以看到很多暗淡的彗星，每年可能会观测到1—4颗。创作本书的前不久，我在家附近的林地里用一架小型双筒望远镜观测了伦纳德彗星。我甚至用智能手机拍下了一张模糊的照片，照片上是它朦胧的头部和优雅弯曲的尾巴。虽然不是那么耀眼，但它仍然是一个令人兴奋的观测目标。

趣味事实

在2004年的一项令人印象深刻的航天器彗星探测任务中，美国航天局发射的宇宙飞船"星辰号"飞越维尔特二号彗星，途中收集到了彗星尘埃样本，并将它们安全送回地球，以进行进一步研究。

流星和流星雨

彗星的吃相不好，它们在身后留下了一串又一串面包屑（彗星尘）。地球经常飞过这些尘埃带，每当这时，这些细小的彗星碎片就会撞击地球的大气层。碎片会燃烧成流星，在夜空中留下一道道光痕。这就是我们所说的"流星雨"。

从方方面面来说，流星雨都是可以预测的。首先，我们知道每次流星雨现身的日期。大多数流星雨会持续数周，在地球经过彗星轨道的尘埃密集区时达到高峰，高峰只会持续几个小时，此时流星的数量明显增多。

其次，我们可以精确地计算出流星将在天空的哪一点划出。这个点被称为"辐射点"，因为流星在这一点向着四面八方散开。这使得流星雨的拍摄效果非常棒，因为你可以长时间曝光，拍摄到许多流星从天空的某个点喷发而出的照片，就像烟花一样！

每场流星雨都以辐射点所在的星座命名。例如，猎户座流星雨在10月达到高峰，其辐射点位于猎户座。12月的双子座流星雨的辐射点位于……你猜对了，双子座。朝辐射点看去，流星似乎向所有方向飞驰而去。

查查看

在timeanddate.com/astronomy/meteor-shower/list.html等网站上查找流星雨的完整列表、月相以及流星的明暗程度。你也可以查询流星雨达到高峰的日期，以及在高峰期，你每小时平均可以看到多少颗流星。

轮到你了

提前做好观看流星雨的计划，这样你就能知道下一次大规模流星雨什么时候到来。如果一段时间内都没有流星雨，也不用担心，只要有耐心，你总能捕捉到一两颗流星。它们随时都有可能在天空的某个方向出现，因为小块的太空碎片经常像雨点一样落在我们的星球上。

趣味事实

当地球穿过充满彗星碎片的区域时，我们可以看到真正壮观的景象——流星雨风暴，虽然这种情况很罕见。1833年11月12日，狮子座的流星雨风暴席卷了北美上空，当晚天空中出现了约25万颗流星，目击者称"天空下起了火雨"。狮子座流星雨每隔30年左右就会达到一个强劲的高峰，最近几次类似风暴的情况出现在1966年、1999年和2001年。随着下一个高峰的临近，在未来的几年里，狮子座流星雨绝对是一个值得关注的天象！

观测流星雨的五大技巧

1. 做好调查

上网查询你所在位置可以看到流星雨的日期。提前几天到户外，确保流星雨辐射点所在的星座清晰可见，没有任何遮挡。如有必要，请成年人带你去当地的公园，以获得更好的视野。

2. 在高峰时段观测

观测流星雨的最佳时间是流星数量最多的高峰期。天文学网站通常会列出流星雨的ZHR（天顶每时出现率），即如果辐射点位于天顶（头顶），你在一小时内预计看到的流星的平均数量。壮观的流星雨每小时最多能看到约120颗流星，也就是大约每30秒就能看到1颗。

3. 不需要望远镜

流星划过天空的速度非常快，最多持续几秒钟，因此不需要双筒望远镜和天文望远镜。你只需坐下来，放松眼睛，耐心地看向辐射点所在的大致方向。

4. 避开月亮

在观测流星雨时，月亮可不是你的朋友。有些流星在月光照耀的天空中依旧格外显眼，但许多流星只有在天空黑暗时才能看到。为了不留遗憾，请在出发前查看月相。

5. 拍摄照片

将相机放在三脚架上，对准辐射点，选择长时间曝光，然后拍摄。快门打开的时间越长，捕捉到的流星就越多。

小行星

在多年的观星生涯中，我从未见过小行星。然而，这些迷人的天体在地球的自然史上扮演了重要角色。

大约6600万年前，一颗直径10—15千米的小行星撞击了地球，导致地球上超过四分之三的物种灭绝，其中包括大多数恐龙。这次撞击在墨西哥湾底部留下了一个直径180千米的陨石坑（希克苏鲁伯陨石坑）。很显然，金科玉律就是：不要惹小行星。

自从这次撞击事件以来，其他小行星也曾数次近在咫尺，真让人提心吊胆。1908年6月30日，一块足球场大小的岩石进入俄罗斯东部通古斯河上方的地球大气层，它成了一个缓慢移动的火球，报道称其亮度与太阳相当。这块岩石在距地球表面几千米处爆炸，目击者听到了雷鸣般的响声，并感受到了强烈的热风。强大的冲击波夷平了约2000平方千米森林中的约8000万棵树，震碎了数百千米内建筑物的窗户。科学家估计，类似的事件每隔几百年就会发生一次。

那么什么是小行星呢？它是穿梭在太空中的大石头。小行星有几个不同于彗星的地方：它们在离太阳更近的地方形成；它们的轨道更圆；它们含有很多金属，包括铁、镍、铂甚至金。

大多数小行星位于火星和木星轨道之间的区域，这个区域叫作"小行星带"。科学家已经统计出那里有大约100万颗小行星，但可能还有数百万颗尚未被发现。有时，其中一颗小行星会被行星的引力影响而偏离轨道，继而翻滚出小行星带并穿过太阳系。火卫一和火卫二是火星的两颗土豆形状的卫星，它们被认为是很久以前被火星的引力场捕获的小行星。

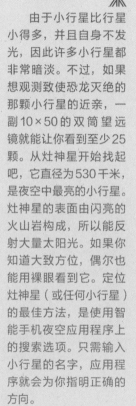

轮到你了

由于小行星比行星小得多，并且自身不发光，因此许多小行星都非常暗淡。不过，如果想观测致使恐龙灭绝的那颗小行星的近亲，一副10×50的双筒望远镜就能让你看到至少25颗。从灶神星开始找起吧，它直径为530千米，是夜空中最亮的小行星。灶神星的表面由闪亮的火山岩构成，所以能反射大量太阳光。如果你知道大致方位，偶尔也能用裸眼看到它。定位灶神星（或任何小行星）的最佳方法，是使用智能手机夜空应用程序上的搜索选项。只需输入小行星的名字，应用程序就会为你指明正确的方向。

通过双筒望远镜还可以看到更多小行星，包括智神星、虹神星、婚神星、健神星和爱神星。除了拥有美妙的名字，这些小行星还是部分观星者的绝佳目标，他们愿意坚持不懈地寻找类星体。现在我被鼓舞了。今晚一定要去寻找小行星！

趣味事实

谷神星是小行星带中最大的岩石天体，直径约1000千米，几乎是灶神星的两倍大。谷神星发现于1801年，两个多世纪以来，它一直被认为是一颗小行星。但在2006年，它被归类为矮行星，尽管天文学家仍在争论两者究竟有什么不同。你最好还是亲自去看看！

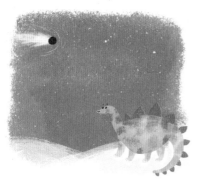

进一步了解彗星、流星和小行星的五个建议

1 首先用双筒望远镜寻找较小、较暗的彗星。

2 使用在线天文日历提前做计划，了解观看彗星、流星雨和小行星的最佳时间。

3 注意前文提到的"观测流星雨的五大技巧"（请参阅第71页）。

4 从寻找最大、最亮的小行星——灶神星开始你的小行星探索之旅。

5 定位灶神星或其他小行星的最佳方法是使用智能手机夜空应用程序上的搜索选项。只需输入小行星的名字，应用程序就会为你指明方向。

第八章

人造卫星观测

想在夜晚抬头看到一艘真实的宇宙飞船吗？想向在自己头顶翱翔的宇航员挥手致意吗？好吧，如果今晚天气晴朗，你可能会很幸运。

在人类进入太空时代之前，地球的夜空中只有恒星、行星、彗星、小行星、星云和星系等自然天体。1957年，苏联将第一个人造天体送入太空，这是一个直径为58厘米的金属球，名为"斯普特尼克1号"。太空时代自此真正开始。

如今，有超过7000个航天器围绕地球运行，它们在夜空中划过，许多用裸眼就能看到。我们称它们为"人造卫星"，因为它们像月球一样，在重力作用下与地球紧密相连。它们的大小从鞋盒到小型卡车不等。大多数人造卫星并不载人，只携带无线电发射器、摄像机和传感器等其他设备。少数人造卫星足够大，可以容纳多名工作人员，他们可能会在那里生活和工作数月。

怎样看到它们

如何发现一颗人造卫星，甚至找出哪些人造卫星上有人？（疯狂挥手示意！）

寻找人造卫星的最佳时间是太阳刚刚落入地平线以下，天空开始变暗时，即所谓的黄昏时分。

你可以看到它们在头顶上以优雅的弧线轻松滑

行。星星出现时，我经常坐在外面的花园里，看着人造卫星掠过，想象在那上面的感觉，想象从高空俯瞰地球的壮丽景色。

轮到你了

找一个舒适的观星地点（又见面了，躺椅！），静静待几分钟，让眼睛适应昏暗的光线。找到一个熟悉的星座或行星，以此来确定方位。现在放松，扫视天空，寻找移动的亮光。你不会等太久，因为每天晚上都有数百个光点划过天际。

趣味事实

人造卫星是无声的，也没有灯光。你之所以能看到它们，是因为它们反射了太阳光，看起来明亮而稳定。但你又要纳闷了：可是太阳已经落山了呀？对于人造卫星来说可不是这样，它正在距地球表面1000千米以上的高空飞翔。即便地面已经日落很久了，它也能继续晒太阳。

查查看

一款出色的夜空应用程序会内置人造卫星数据库。这意味着若你将设备对准飞过头顶的物体，它能将其立即识别出来。

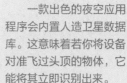

轮到你了

如果不想漫无目的地寻找人造卫星，你也可以提前做计划，在天空中寻找一些更大、更亮、更令人兴奋的航天器。国际空间站是一个巨型建筑，长109米，附有巨大的太阳能电池板，尤其令人眼花缭乱。如果你居住在赤道南北28.5度以内，你可能有幸会看到哈勃空间望远镜；如果你居住在南北纬42度之间，你可能有幸会看到中国的天宫空间站。别忘了挥手哦！

引人注目的不仅仅是那些最亮的人造卫星。卫星星座是一组协同工作的人造卫星系统，这意味着你有时会看到一长串明亮的光，一个接一个，在天空中移动。人们还在适应这种奇怪的景象——当局接到过许多关心此事的公众的电话，他们认为我们被外星人入侵了！

查查看

你可以使用专业网站来规划自己的宇宙飞船观测之旅，比如 heavens-above.com 和 n2yo.com。

火箭发射

如果足够幸运，你也许能够看到火箭在向太空发射人造卫星的途中飞入大气层的景象。世界各地有不少主要发射场，包括阿根廷、法属圭亚那、俄罗斯、伊朗、以色列、中国、加拿大、日本、印度、新西兰、美国和哈萨克斯坦等国家和地区的发射场。有些人长途跋涉数百千米（当然是在安全距离内），就为了亲眼看见火箭呼啸进入太空的奇观。但即使你住的地方离发射场不近，偶尔也有可能看到火箭在进入轨道时划过夜空。

成群的宇宙飞船

我在20世纪90年代开始观星，那时只有大约500颗活跃的人造卫星围绕地球运行，在夜空中很难发现一颗人造卫星。但近年来，很多公司竞相将大型卫星星座发射到近地轨道，人造卫星的数量急剧增加。这些人造卫星群从地球上的地面站接收互联网信号，然后将信号传回互联网连接不佳的地区。其最终目标是让数以万计的人造卫星向全世界传送高速互联网信号。我们的夜空正迅速变成一条高速公路，闪耀着人造卫星反射的太阳的微光。

查查看

你也可以在线观看火箭发射。互联网上有很多人造卫星发射相关信息，试试登录rocketlaunch.live。研究火箭在天空中的飞行轨迹是值得的，它可能经过你的家乡上空。一定要睁大眼睛！

趣味事实

人造卫星不仅仅用于互联网连接。地球观测航天器不断监测我们的星球，它们拍摄的图像被用于天气预报和自然灾害（如火山喷发、洪水、海啸等）的预测，农民还利用它们来跟踪作物生长状况和管理灌溉用水，我们还可以利用它们研究气候变化、海洋和跟踪野火。这些都是很重要的事情。

许多人在问，我们可以用科技的名义破坏宝贵的夜空吗？对天文学家来说，通过望远镜拍摄并得到一张不带人造卫星反射光条纹的图像变得越来越困难。这会减少我们收集到的科学信息的数量。黑暗的天空也是许多人生活的重要组成部分，对土著来说尤其如此，他们用星星导航，获取食物和水，以及进行文化活动。许多人认为夜空中的光污染是对自然环境的侵蚀。

以下方法可以使人造卫星不那么亮，从而缓解人造卫星的光污染问题：给人造卫星喷涂抗反射涂层，在人造卫星上安装遮阳罩，以及选择更高的轨道。但这些措施只能部分减少它们反射的太阳光。随着人类计划将数十万颗人造卫星射入轨道，科学家需要想出新的方法，以减少这些航天器对夜空的影响。

太空垃圾

人类把地球搞得一团糟，大量塑料垃圾被扔进海洋，气候变化威胁着人类的未来。不仅如此，人类还污染了地球大气层上方的区域，那里已经变成了一个巨大的垃圾场，到处都是围绕着地球运转的废弃航天器碎片。

地球上空的轨道上有数以百万计的垃圾。它们大小不一，有的只是一个油漆斑点，有的是失控的人造卫星和火箭，比房子还要大。这些垃圾以高达每小时

28 000千米的速度绕地球运行，比高速子弹还要快10倍，哪怕一小块也会对航天器造成巨大损害。每隔一段时间就有人造卫星被这些垃圾损毁，比如2009年，一颗正常运转的人造卫星撞上了一颗报废的人造卫星后损毁。

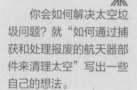

轮到你了

你会如何解决太空垃圾问题？就"如何通过捕获和处理报废的航天器部件来清理太空"写出一些自己的想法。

科学家们现在正在想办法解决这个棘手的问题，比如使用太空网捕获垃圾，再如用激光将垃圾推入地球大气层，它们将在那里成为流星。问题是，谁来付钱？我们还没有志愿者。

关于人造卫星的五大事实

1 寻找人造卫星的最佳时间是天空刚开始变暗时，即所谓的黄昏时分。

2 一款优秀的夜空应用程序会内置人造卫星数据库。这意味着若你将设备对准飞过头顶的物体，它能将其立即识别出来。

3 你可以使用专业网站来规划自己的宇宙飞船观测之旅，比如heavens-above.com和n2yo.com。

4 黑暗的天空是许多人生活的重要组成部分，对土著来说尤其如此，他们利用星星导航，获取食物和水，以及进行文化活动。

5 我们需要想出新的方法来减少航天器对夜空的影响，科学家们正在研究这个问题。

第九章

天上隐藏的珍宝

嘿，大家好，我有个好消息！你知道你的星图也是……一张藏宝图吗？没错，夜空中的宝贝不只是我们眼睛看到的这些，只要你知道去哪里找寻，就一定能找到它们。拿起星图，我们一起去寻找隐藏的宝藏吧！

这些隐藏在沉寂黑夜里的宇宙珍宝是什么？它们由数以百万计的深空天体组成，这些天体既不是恒星，也不是太阳系天体（比如行星、彗星、卫

星和小行星）。深空天体可以是整个宇宙中的其他任何东西：太空气体云、星系或星团。深空天体大多遥远、暗淡、模糊，你的眼睛很难获得足够的光线来观测有趣的细节。到目前为止，观测它们的较好方法是用双筒望远镜，天文望远镜的观测效果更佳。

轮到你了

打开 Stellarium 或其他观星应用程序，开始你的深空之旅吧。开启"深空天体"选项，你会看到这些神秘天体像暴风雪一样出现在星图上。

现在就让我们来认识一些深空天体吧。

夜光星云

让我们从一个壮观的星云开始，无论你在世界的哪个角落，都能看到这个星云。

猎户座的腰带下面（如果你在南半球，那就是在它的上面）悬挂着猎户之剑，它有三颗恒星。仔细观察猎户之剑中间的那个亮点，你就会发现它实际上不是一个类似恒星的光点，而是一个云雾状的斑点。借用双筒望远镜，你就能看清这个天体的星云本质了。它就是M42，通常被称为"猎户座大星云"。

14岁那年，我用借来的望远镜观察猎户座大星云，花了很多时间在夜空下用纸笔勾勒它的样子。这让我感到非常放松。我希望你也能度过欢乐的观测时光。

轮到你了

借用物镜直径不低于150毫米的大小合适的望远镜，你应该能够看清这团气体的精细结构，并观测到被称为"猎户座四边形"的4颗明亮的蓝色恒星。目前，这个年轻的星团正在从星云中诞生。你看不到的是，还有大约700颗恒星也在猎户座大星云这个巨大的"恒星摇篮"中开始了它们的生命。

查查看

上网查看猎户座大星云的照片，你会看到气体呈现出绚丽的色彩。南半球最适合观测奇妙的船底座星云，以及半人马座中命名有些滑稽的"奔鸡星云"。在北方天空中，你可以寻找天鹅座的北美洲星云——一团明亮闪烁的发光气体与它著名的黑暗尘埃带交错成趣。遗憾的是，我们的眼睛看不到这些颜色，因为我们看到的非常暗淡的天体都是灰色的。天上有太多的星云可供探索。打开你的夜空应用程序进行搜索，拿出双筒望远镜，开始扫描天空吧。

灰尘弥漫的黑暗角落

暗星云是一种截然不同的太空云。顾名思义，这些星云并不发光，反而会遮挡住背后恒星的光芒。银河系中到处都是暗星云，而第二章提到的著名的"天上的鸸鹋"（黑鸸鹋星云）则是一个巨大的暗星云链，它对澳大利亚大陆的原住民来说是一个重要的文化符号。

在南十字座可以搜寻到著名的煤袋星云，它组成了黑鸸鹋星云的头部。你会发现，它就在明亮的恒星——十字架二下方。北半球的观测者则可以在天鹅座的明亮恒星——天津四附近找到北煤袋星云。

趣味事实

18世纪70年代，法国彗星猎人查尔斯·梅西耶兴奋地跳了起来，他以为自己发现了一颗彗星，结果却发现那是一个早已为人所知的星云或星团。为了避免把时间浪费在漫无目的的搜寻上，梅西耶决定自己编制一份目录，列出那些看起来像彗星但不是彗星的东西。"梅西耶星云星团表"列出了一组天体，以M1到M110命名，这些名称至今仍被天文学家使用。

行星状星云之惑

不管听起来如何，行星状星云都与行星没有任何关系。

行星状星云是恒星生命的最后阶段。当类似太阳的恒星耗尽燃料时，它就会膨胀开来，开始将外层的气体壳抛出，结果就形成了一个又大又圆的发光星云，并逐渐向太空扩散。行星状星云会呈现出一些惊人的色彩，偶尔还会形成类似蝴蝶的对称形状。科学家认为，这些轮廓是由恒星的磁场在气体膨胀时形成的，抑或是看不见的伴星将气体旋转成了错综复杂的形状。行星状星云十分暗淡，裸眼是观测不到的。

南半球的观测者可以看到天蝎座尾巴尖端附近的虫星云（或叫蝴蝶星云）。在双筒望远镜或天文望远镜中，它的对称结构迷人极了。宝瓶座的螺旋星云（也叫上帝之眼）也是一个值得搜寻的南半球行星状星云。通过小型望远镜观测，它看起来就像两团缠绕在一起的圆形烟雾。

北半球天空中最亮的行星状星云是哑铃星云（M27），它位于小巧可爱的狐狸座。在双筒望远镜中，它就像一枚悬挂在天空中的闪着微光的银币。你可以借助夜空应用程序识别方位。

天琴座的指环星云（M57）同样是极好的观测目标。要找到它，首先要找到明亮的蓝色恒星——织女星，然后在织女星近旁找到两颗恒星：渐台二和渐台三。在这两颗恒星之间，你会发现一个近乎完美的、鬼魅般的球形光环。

趣味事实

你可以在夜空中看到一些宇宙爆炸的残留物，它们被称为"超新星残骸"。超新星残骸和行星状星云一样，通常呈现为球形或蝴蝶状的气体云。然而对于使用双筒望远镜的观测者来说，观测它们是一种挑战，因为超新星残骸极其暗淡。即使有天文望远镜，你最好也为它配备一个星云滤镜，这会让你事半功倍——超新星残骸中的氧原子会发出一种特定颜色的光，星云滤镜可以帮你更好地聚焦，使观测目标更加突出。

超新星烟圈

当一颗重量级恒星结束它的生命时，接下来发生的事情远比将气体外壳抛到太空中更戏剧化。起始质量比太阳重8倍以上的恒星都有很大可能会在一场被称为"超新星爆发"的灾难性爆炸中结束自己的生命。这场爆炸会彻底摧毁恒星，残留的气体以超过每秒3万千米的速度冲入太空——3万千米差不多是地球直径的2.5倍，这可不是开玩笑的。

在黑暗的天空中，用双筒望远镜就能看到金牛座中的蟹状星云（M1）。大型望远镜拍摄的照片上会有一团交织在一起的壮观的气体丝，发出迷人的颜色。这个令人难以置信的天体是1054年一次巨大爆炸的遗迹，当时，包括中国在内的多个国家和地区的天文学家都记录了这次爆炸。在天文学中，让你大吃一惊的有时不是你看到了什么，而是知道了它意味着什么。

你如果有一台天文望远镜（尤其是带有星云滤镜的天文望远镜），就可以搜寻一下天鹅座的面纱星云了。

趣味事实

在夜空中寻找暗淡的天体时，你可以让它稍微偏离视野中心。这时你可能会惊讶地发现，观测目标看起来明亮了很多。眼睛的视网膜上有两种类型的光感受器：视杆细胞和视锥细胞。视杆细胞很擅长探测微弱的光线，但看不见颜色。视锥细胞能让我们看到颜色，但它们不擅长捕捉微弱的光线。视网膜的中部布满了视锥细胞，这意味着当你直视某物时，你的暗视觉就不那么敏感。

它是一万多年前一颗恒星爆炸后留下的巨大残骸。这次毁灭性事件的残余气体现在已经扩张到比满月直径还要宽6倍的天区。我们没有关于这个超新星爆炸事件的书面记录，但据科学家计算，当时它看起来比金星还要明亮。确实壮观！

惊人的星团

恒星不会像变魔法一样凭空出现在太空中。巨大的气体云在引力作用下挤压在一起，会形成高温的热气团，最终恒星和行星得以诞生。当气体散去，新生恒星开始闪耀时，这些区域就变成了疏散星团。

在第三章中，我们已经见过了夜空中最壮观的疏散星团——昴星团。不过，天上还有很多这样美丽的天体值得介绍。

现在就让我们来认识一些吧。在北方的天空中，巨蟹座里有鬼星团。裸眼看过去，它是模糊的，你看不清它的真实面目；但在双筒望远镜中，它就变得清晰可见，是一个由蓝白色亮星组成的星团。

南边的南十字座珠宝盒星团也值得一看，那里恒星众多且色彩绚丽。同样，船底座的NGC 3532和南昴宿星团在小型望远镜中也十分迷人。

天蝎座的螯尾近旁有托勒密星团（M7），这个巨大的疏散星团裸眼可见，它是恒星的摇篮，深蓝色的恒星遍布其中。距离托勒密星团仅5度（三指宽）的

地方是蝴蝶星团（M6）。这两个星团离得很近，你应该可以在双筒望远镜的视野中同时看到它们。蝴蝶星团比托勒密星团稍微小一些，但仍然可以用裸眼看到。蝴蝶星团中有大量常见的蓝白色恒星，其中有一颗不同寻常，它就是巨大的橙色恒星——天蝎座BM。看看你能不能发现它吧。

另一种类型的星团由非常古老的恒星组成。我们称它们为"球状星团"，因为恒星被紧密地挤压在一起，形成一个球，看起来就像地球仪。令人惊讶的是，这些球状星团通常由数十万乃至数百万颗恒星组成。这些星团中单个恒星的年龄可能超过130亿年。想象一下，它得为生日蛋糕买多少根蜡烛？

7个最亮的球状星团中有6个在南天。半人马 ω 球状星团和杜鹃座47星团可谓其中最壮观的，用裸眼看上去它们都隐约可见。半人马 ω 球状星团是整个天空中最大的球状星团，包含大约1000

轮到你了

用你最喜欢的夜空应用程序来寻找半人马 ω 球状星团。一副双筒望远镜（小型天文望远镜效果更好）就能让你看到半人马 ω 球状星团密密麻麻的恒星，其覆盖面积几乎与满月一样大。有人把它们比作一群蜜蜂。杜鹃座47星团同样令人印象深刻，其覆盖面积和亮度与半人马 ω 球状星团相差不大。如果你喜欢挑战，不妨去看看人马座里的M22星团。它虽然比前述星团略小，也略暗淡，但依然是一个极好的观测目标。

万颗恒星。科学家是怎么知道这个数据的？他们数的是星光，而不是逐一去数每一颗恒星。哇哦！

北方天空中的球状星团没有能与半人马ω球状星团媲美的，但也有一些非常好的双筒望远镜观测目标。试试以下名单里的任何一个：巨蛇座M5、武仙座M13、猎犬座M3和飞马座M15。尽管它们比较暗淡，大小也不到南天巨大的球状星团——半人马ω球状星团和杜鹃座47星团——的一半，但只要用一副像样的双筒望远镜，就能在市区看到它们。这也没什么，因为它们离我们要远得多。

银河系

你可能会注意到，夜空中流淌着一条宽宽的恒星带，好似一条星河。我们称之为"银河"。在漆黑的夜空下观看时，银河最为壮观，不过你仍然可以在城镇中较黑暗的地方看到它，比如在公园里、海滩上或

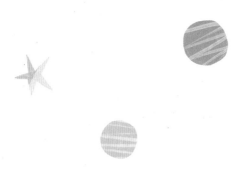

树林中。银河系是我们所在的星系，是包括太阳在内的大约2000亿颗恒星的家园。它像煎饼一样扁平，这就是为什么身处其中的我们觉得它像一条暗淡的宇宙高速公路横跨整个夜空。

闪闪发光的星系

宇宙中还有数以万亿计的其他星系，但只有最近的几个星系是裸眼可见的。在南半球或热带地区，你可能会发现头顶上空闪烁着两片微弱的白光。你可能会误认为它们是云层，这可以理解，但实际上它们是由数十亿颗恒星组成的两个小星系。我们称之为"小麦哲伦星系"和"大麦哲伦星系"。

附近的旋涡星系M31也是我们宇宙家族中的一个成员，它又叫"仙女星系"，从世界上的几乎任何地方都能看到它。它距离我们大约250万光年，我们竟然能用裸眼看到如此遥远的星系，真是太神奇了！这就是一万亿颗恒星发出的光加起来的亮度。仙女星系的旋涡形状与银河系非常相似，但由于我们看到的是它的部分边缘，所以它看起来略微扁平，就像一只被可爱但笨拙的拉布拉多犬坐过的足球一样。

三角星系（M33）也是裸眼可见的大型旋涡星系。你如果有幸观测到足够黑暗的夜空，就可以用裸眼看到它。如果没那么幸运，利用双筒望远镜也能看到它暗淡的微光。

让我们回到南半球或热带地区的天空，这里有奇特的星系——半人马座A，它也是值得观测的目标。最好选用物镜直径不低于200毫米的天文望远镜来观测半人马座A。在数百万颗恒星发出的明亮光晕的映衬下，你可以看到一条深色的尘埃带，有些人称它为"汉堡星系"——尘埃带是肉饼，明亮的恒星光环是面包！

星系是让业余天文爱好者为之倾倒的目标，对于那些拥有天文望远镜的人来说尤其如此。不过，任何人都可以尝试观测星系，南半球的朋友可以从用裸眼观测麦哲伦星系开始，北半球的朋友则可以从仙女星系开始。所以，发动你的引擎，开始你的星际之旅吧。

探索天空中隐藏宝藏的五个秘诀

1 用裸眼就能看到银河系，我们的家园就像一条横跨夜空的星带。

2 星云是太空中的气体云，有些是黑暗的，有些则闪耀着绚丽的色彩。

3 使用双筒望远镜可以探索许多明亮的星团，其中的大多数由炽热、年轻的蓝色或白色恒星组成。

4 有些恒星会在一场名为"超新星爆发"的爆炸中结束自己的生命，残留的气体会冲向太空，你可以通过望远镜看到它们。

5 在球状星团中，成千上万颗古老的红色恒星挤在一起，形成一个紧密的球体。使用双筒望远镜就可以看到球状星团。

第十章

太阳

人人都爱太阳。没有太阳，地球将是一块冰冷、黑暗、冰冻的岩石，阴沉沉地飘浮在太空中。当然，这对观星而言也许是件好事，因为没有了光污染，但对人类来说是非常糟糕的。没有阳光，就没有植物、动物和我们。我不愿我们的星球变成冰棒，谢天谢地。

对天文学家来说，太阳可能是个麻烦，因为它在白天遮住了其他恒星，但它本身也很有趣。太阳的许多特征都值得探索，它与地球、月球和大气层的相互作用创造出了很多美好。只要稍加练习，你就能学会如何发现太阳那最厉害的互动技巧！

太阳黑子

太阳由一种奇异的、温度极高的、类似气体的物质构成，这种物质叫作"等离子体"。等离子体在高温的太阳中心大量生成，后上升至太阳表面（称为"光球层"），冷却后又沉入太阳内部。

太阳内部产生的磁场调节以上整个过程，磁场可能阻止炽热的等离子体到达太阳表面，从而使太阳表面出现一些温度较低、较暗的区域，称为"太阳黑子"。这里的"温度较低"是指温度约为3700摄氏度，而太阳表面其他地方的温度约为5500摄氏度。

查查看

上网可以找到太阳的相关视频，它就像一锅冒着泡的热汤。

趣味事实

太阳黑子的大小各不相同，有些直径只有几千米，最大的直径超过10万千米，后者比地球大好几倍。它们的大小取决于太阳的磁场状况，但大多数在几天或几周后就消失了。

不要伸手去摸太阳黑子。

太阳大约每11年经历一次太阳活动周期，这与太阳磁场活动的变化有关。在这个周期中，我们会在几年内看到大量的太阳黑子，然后太阳黑子的数量逐渐减少，直到几乎看不到，然后循环往复。当前的太阳活动周期预计在2024年到2026年之间达到顶峰，到目前为止，太阳黑子的数量已经超出了预期，所以现在是寻找和观测太阳活动的大好时机。

直视太阳哪怕一秒钟都可能对视力造成灾难性的伤害，所以千万不要这样做。观测太阳较为安全的方法，是将其图像投射到一个浅色的表面上，比如一张纸上。

十几岁的时候，我用这种安全的方法，借助双筒望远镜第一次观测到了太阳黑子。你也可以这样做：

1. 将一块纸板剪成合适的大小，把它像裙子一样套在双筒望远镜的中部，形成一个遮阳板。

2. 背对太阳，把双筒望远镜固定在三脚架上，将物镜对准太阳的大致方向。注意，这不是要你透过双筒望远镜观察。

3. 在离目镜30—50厘米处，举起附在写字板上（任何平整的表面都可以）的白纸。慢慢移动双筒望远镜，直到与太阳对齐。

4. 找到正确位置后，纸上就会出现太阳的明亮图像。

5. 将白纸靠近或远离目镜，使太阳的图像聚焦得更清晰。聚焦后，它看起来就像是在纸上画了一个黄

趣味事实

在太阳活动极小期，太阳表面有时根本没有黑子；而在太阳活动极大期，每天太阳表面黑子的数量从50个到200个不等。如此斑驳的太阳表面简直不可思议。

色的大圆。仔细观察图像，寻找纸上的小黑点。

哇！这就是太阳黑子。

令人难以置信的是，圆盘上的一个小黑点实际上在太阳这颗距离我们最近的恒星表面相当于一口巨大的井，它差不多和地球一样大。

你可以借助天文望远镜，用同样的方法投射出太阳的图像。你也可以使用一块中间打有针孔的硬纸板，这个小孔可以将太阳图像投射到一张白纸上，而无须用到透镜。这就是所谓的"小孔成像"，你可以

查查看

想要查看太阳的活动？请访问美国航天局的太阳动力学观测台网站（sdo.gsfc.nasa.gov/data），通过环绕地球的航天器查看实时影像。太阳黑子在黄色和橙色滤光图像上看得最为清楚。

轮到你了

你可以自己做一个科学实验，利用太阳黑子的运动来测量太阳的自转。每隔几个小时在纸上记录一次太阳黑子的位置，然后利用这一观察结果来计算太阳绕轴自转一圈需要多长时间。自己试试看！

在网上找到相关教程。请记住，在任何情况下都不要直视太阳。

极光

太阳的磁场活动不仅产生了太阳黑子，还会导致激动人心的太阳爆发活动，如太阳耀斑。太阳耀斑是炽热等离子体的爆发，其间太阳会向太空喷出大量气体。哦……请容我解释。

这些气体从南北磁极涌向地球，这两个磁极靠近地理极点，但并不在地理极点上。太阳喷出的气体与地球大气层中的气体相撞，天空被照亮，闪耀着绚烂的红色、绿色和紫色。我们称这种"灯光秀"为"极光"。

加拿大、阿拉斯加以及

轮到你了

如果预报称将有极光出现，请找一个空旷、黑暗的地方观测。北半球的观测者将相机对准北方的地平线，南半球的观测者则对准南方的地平线。在澳大利亚，我最喜欢的拍摄地点是朝南的海滩，海面上没有人造灯光。将曝光时间设置为20—30秒（这样应该可以捕捉到眼睛看不到的微弱极光颜色），然后试拍一下。如果试拍照片有幸捕捉到了极光，请继续拍摄，因为极光的"灯光秀"每分钟都在变化。我尤为珍贵的天文纪念品之一是一段于2020年延时拍摄到的视频，镜头捕捉到了壮丽极光那千变万化的特征。

欧洲和俄罗斯北部地区都能看到北极光。南极光一般只出现在澳大利亚、新西兰和南美洲的南部地区。

　　科学家可以通过航天器观测到大量太阳等离子体即将到来，即便如此，极光仍然很难预测，所以你并不能总是准确地知道它将在何时何地出现。你如果住在极光区，请随时关注当地的在线"空间天气"预报。

日食

我们已经了解过月食了，在月食发生的几个小时里，地球的影子会"爬"过满月的脸，然后又退去。日食则完全不同。日全食发生在新月期间，此时月球几乎完全将太阳遮住。这是一次规模宏大的天体"躲猫猫"，此时，地球表面的一小部分会在白天陷入黑暗。

趣味事实

地球与月球之间的距离每个月都在发生变化。如果日食发生在月球距离地球最远的时候，那么月球就会显得太小，无法覆盖整个太阳，这时月球边缘就有一圈淡淡的太阳光。我们称之为"日环食"，也叫作"火环日食"。

在这场宇宙级别的捉迷藏游戏中，月球和太阳配合得如此密切，实在令人惊叹。巧合的是，太阳比月球大400倍，太阳距离地球也比月球距离地球远400倍。因此日全食发生时，月球几乎完美地遮盖了太阳的圆盘。

日全食可以为我们带来哪些好处呢？太阳的光球层之上是色球层，这里充斥着从活跃的太阳表面喷涌出的旋转、翻滚的气体。色球层拥有令人兴奋的特征，比如日珥和太阳耀斑。色球层之外是日冕，这是一个薄而炽热的发光大气层，其温度估计为100万摄氏度。通常我们看不到太阳的色球层或日冕，因为太阳耀眼的表面遮盖了这些较为轻柔的光线。但是在日全食期间，它们的秘密终于被揭开了。

上大学时，我曾和几位朋友前往英国的西南端观看日全食。1999年8月11日上午，新月缓缓地划过太阳的脸庞，我们的营地陷入一片可怕的黑暗之中。温暖的夏日明显变凉快了，鸟儿们狂鸣不止，仿佛到了入睡的时间。我和朋友们手拉着手，围成一个圈跳舞。然后，太阳回来了。

查查看

如需了解即将发生的日食的完整列表，请访问网站timeanddate.com/eclipse。

像这样的日全食是极其罕见的，因为月球投射在地球上的影子非常小。日偏食和日环食发生得更频繁。它们都是很棒的观测目标。你可以把太阳的图像投影到一张纸上，观察月球在太阳前方穿过时太阳形状的变化。

行星凌日

水星和金星有时也会造成小规模的日食。唯一的问题是，水星和金星遮住太阳时与地球的距离分别是日食时月亮到地球距离的109倍和22倍。它们并不能巧妙地遮住太阳的圆盘，也不能让太阳只显露日冕的光辉。它们只是给太阳点缀了一个小而圆的"痘痘"，这叫作"凌日"。几小时后，它们的表演就结束了。

水星凌日每10年左右发生一次。下一次看到太阳系这颗最小的岩石行星从太阳表面掠过的时间，是2032年11月13日，再之后一次是2039年11月7日。这两次演出的间隔时间很长，所以不要错过。

你如果想看金星凌日，就得等更长一段时间。上一次金星凌日发生在2012年。那天，我拜访了澳大利亚悉尼的一所学校，向学生们介绍了即将发生的事情。我们把太阳的图像投射到一张巨大的纸板上，看着金星那完美的小圆盘慢慢地穿过它。下一次金星凌日将发生在2117年12月11日，那时我就快过138岁生日了——它将和我在2012年看到的一样壮观！

　　下一次金星凌日发生时，你觉得自己会在哪里？

关于太阳的五大事实

1 太阳的迷人特征包括太阳黑子、日珥和太阳耀斑。

2 直视太阳哪怕只有一秒钟，也可能会给视力造成灾难性的损害，所以千万不要这样做。你可以将太阳的图像投影到一张纸上，从而安全地观察太阳。

3 日全食发生在月球在太阳前面经过时。这是一种十分罕见的天文现象，因为月球投射在地球上的影子很小。

4 美国航天局的太阳动力学观测台网站（sdo.gsfc. nasa.gov/data）是实时观测太阳的好去处。

5 水星和金星有时会从太阳前面经过，这被称为"凌日"。下一次水星凌日将发生在2032年，但金星要到2117年才会再次凌日。

第十一章

终生观星

在共同阅读这本书的旅程中，我们学会了如何欣赏夜空的众多奇观。我们见到了闪闪发光的恒星、风景如画的行星和壮丽的卫星。我们在星座中航行，梦想着期待已久的日食、流星雨和行星凌日。彗星和极光给我们带来惊喜。小行星为我们敲响警钟。实际上，观星也是天文学家的日常工作。

对一些人来说，天文将成为与朋友和家人分享的终生爱好。对另一些人来说，天文甚至会成为职业方向。12岁时，我迷上了探索夜空，最终成了一名专业的天体物理学家，以研究宇宙为己任。它一直是我生命中的快乐源泉，并带领我到达了我从未想过的地方。

宇宙通道

天文学可以把你带往很多方向。你可以成为一名科学家，使用世界上最大的望远镜来解答有关恒星、星系和黑洞本质的深奥问题。你可以建造空间望远镜、火星探测器或行星探测器来研究太阳系的历史。你可以用数学来检验有关宇宙运行的最离奇的可能性。你可以建造火箭和卫星，甚至遨游太空！最重要的是，你可以与来自世界各地的人们一起解决令人兴奋的谜题。还有什么比这更好呢？

要进入专业天文学领域，你需要学习数学和物理，以便了解如何揭开宇宙的奥秘。你需要学习如何编写计算机代码，以及如何与他人良好合作。你需要学会有条有理地写作，学会演讲和倾听，以便分享自己的成果，并了解其他人的研究发现。

工程师也从事天文学工作。他们制造工具和机器，帮助我们测量宇宙。工程师们在山顶、偏远的沙漠甚至南极建造了巨大的望远镜！软件工程师和数据科学家对计算机进行编码，以理解这些望远镜收集的信息，并将来自外太空的不可见信号——如 X 射线和无线电波——转化为我们可以看到和理解的图像。

你是个科学家

业余的天文爱好者经常有重大发现。许多彗星都是普通人使用小型望远镜或双筒望远镜发现的。这些发现理所当然地以他们的名字命名。专业的观星者在拍摄遥远的星系时发现了超新星。每个人都有机会获得突破性的发现。谁知道你的爱好会把你带向何方?

趣味事实

几年前,我曾担任澳大利亚电视系列节目《观星指南》的主持人。我的同事创建了一个网站,让观众可以利用开普勒空间望远镜的测量数据来寻找附近恒星周围未被发现的行星。没过几天,来自达尔文市的26岁汽车机械师安德鲁·格雷就发现了一个至少有5颗行星的未知星系。你也可以利用专业望远镜收集到的信息来寻找行星、黑洞、星系和来自太空的神秘无线电信号。

查查看

在线访问zooniverse.org,这里有大量科学挑战等你来面对。

志同道合的朋友们

天文是一项非常受欢迎的爱好。世界各地有成千上万的天文俱乐部和社团。在我13岁左右的时候，我父亲在图书馆看到一则广告，于是我就加入了当地的天文小组。母亲带我去参加接下来的会议，每个人都很友好，愿意分享他们的知识和望远镜。

小组邀请专家谈论他们最喜欢的话题。我们参观了伦敦科学博物馆和伦敦天文馆。我们在当地的天文台进行了夜间观测。一位成员把他的物镜直径250毫米的道布森式望远镜借给我用了一个月，让我能够探索以前从未见过的行星和深空天体。我强烈建议你加入当地的天文协会，积累夜空观测技能和知识。

15岁时，我参加了一个

查查看

上网查看你所在的地方是否有天文俱乐部或社团。如果有，就加入吧！如果没有，可以考虑加入一个在线社团，寻找那些和你一样对天文世界充满热情的人。

名为"英国太空学校"的项目,这是一个专门为对天文学感兴趣的孩子开设的夏令营,许多其他国家也有类似的项目。我们在伦敦的一所大学校园里待了5天,参加了一系列精彩的讲座、活动和项目。我们甚至参观了一家工厂,那里正在建造一颗即将发射到太空的卫星!这是一次不可思议的经历,我结交了相伴终生的朋友,其中许多人现在是像我一样的专业天文

学家。

为了美好的事物而在此

任何人都可以爱上天文学，就像我多年前那样。它可能发生在几个漆黑的夜晚，在星光的笼罩下，在晚上的一弯细细的新月下，或者在向国际空间站上的宇航员挥手致意之后。我们亲眼看见壮丽的天文事件，卫星、行星和恒星对我们的祖先意义重大，这成为永恒的记忆，观星就这样触动着我们所有人。

去冒险吧!

想听我的建议吗？拥抱我们的宇宙邻居，将其变成你日常生活的一部分。在地球大气层之外近乎无垠

的太空中去冒险。花点时间探索现实世界中的天文学。与那些讲述我们祖先故事的恒星、行星和星座成为朋友。走出家中温暖舒适的茧房，走到灿烂的星空之下，尽情呼吸吧。享受在1000亿个星系中漫步的感觉，体验大多数人不曾知晓的宇宙。惊叹于它的众多奇迹，与它相连。祝你的冒险之旅好运。

有兴趣的读者须知

希腊字母表

在西方天文学中，希腊字母被用于命名星座中的恒星，从最亮到最暗，直到希腊字母用完为止[1]。例如，猎户座 α 星（参宿四[2]）是猎户座中最亮的恒星，南十字座 γ 星（十字架一[3]）是南十字座中第三亮的恒星。只要掌握了方法，就能轻松搞定！请参阅下面的列表。

有些恒星也有特有的名字，如北极星叫Polaris[4]，再如猎户座 α 星，其天文学特有名称是Betelgeuse[5]。猎户座 β 星（参宿七）也有天文学特有名称，叫作Rigel[6]。这些名字混合了古罗马、古希腊和古阿拉伯对

---

1 中国的天文学并不只用希腊字母来命名恒星。实际上，中国古代的天文学家们为恒星和星座创造了一套独特的命名系统。例如，北斗七星被称为天枢、天璇、天玑、天权、玉衡、开阳和摇光。本书中出现的恒星名多译为中文的惯用叫法。
2 古代中国的星官系统将天空划分为许多区域，每个区域都包含一组特定的星星，这些星星被称为"宿"，每个"宿"都有自己的名字。"参宿"是其中一个宿，包含了我们现在所说的猎户座的一部分，"参宿四"就是"参宿"中的第四颗主要的星。下文的参宿七同理。
3 位于南十字座的"十"字笔画起点。
4 源自拉丁语，意为"极星"。
5 源自阿拉伯语，意为"巨人的肩膀"，这颗恒星位于猎户座猎人形象的肩部。
6 源自阿拉伯语，意为"巨人的左脚"，这颗恒星位于猎人的左脚。

星星的称呼。

α	阿尔法	ν	纽
β	贝塔	ξ	克西
γ	伽马	ο	奥密克戎
δ	德尔塔	π	派
ε	艾普西隆	ρ	柔
ζ	泽塔	σ	西格玛
η	伊塔	τ	陶
θ	西塔	υ	宇普西隆
ι	约塔	φ	斐
κ	卡帕	χ	希
λ	拉姆达	ψ	普西
μ	谬	ω	欧米伽

趣味事实：英文的"字母表"（alphabet）一词来自希腊字母表的前两个字母：α（alpha）和β（beta）！

星等系统

大约2000年前，天文学家首先提出了一个系统来描述恒星、行星和深空天体的亮度。他们称其为"星等系统"，这个名字沿用至今。

星等系统很奇特，原因有以下几点。首先，星等系统的数字是反的，即星等的数字越大，星体越暗。真是奇怪。

其次，星等系统的数字序列和数学意义上的数值关系不一样。举个例子，在这个系统中，1等星的亮度并非2等星的两倍，每个星等都比相邻的数字更大的星等亮2.512倍（例如，3等星的亮度是4等星的2.512倍，0等星的亮度是1等星的2.512倍），你得花点时间适应这种规定。

尽管存在这些"不合常理"之处，星等系统仍然运行良好，被世界各地的专业天文学家和业余天文爱好者广泛使用。你要是阅读更多天文学知识，可能会经常遇到"星等"这个概念。

人们通常可以用裸眼看到的最暗的星是6等星（在理想的观测条件下，视力特别好的人可以看到更暗的天体），具体取决于观测条件和视力水平。天空中最亮的恒星——天狼星——的星等为-1.5。金星最亮时星等可以达到-4.6，满月的星等为-12.6。

不过要注意一点，星等有两种。在这里，我们讨论的是视星等（m），即从地球上看到的某物的亮度。此外还有绝对星等（M），即假设把天体放在距地球10秒差距[1]（32.6光年）的地方测得的亮度。这对于业余天文爱好者来说用处不大，但有助于了解该天体的真实亮度。

---

1 在天文学中，"秒差距"是一种用于测量太阳系以外天体的长度单位。

经线

你有没有注意到，太阳在中午时分最为明亮？

行星和恒星每天都随着地球的自转而在天空中移动。它们在穿过经线时到达天空中的最高点。经线是一条假想的弧线，从正北的地平线升到头顶，然后回落到正南。现在就尝试描绘一下经线吧。在地平线上找到南北方向，然后用手指在头顶上方画一条弧线，将南北连接起来。

要想研究经线，你可以在地上插一根棍子（如果有足够的空间，也可以用树干），每隔约一小时标记一次棍子影子的方向和长度。太阳从东方升起时，棍子会在西方投下长长的影子。随着太阳在天空中越升越高，南半球的人会看到影子向南移动，北半球的人会看到影子向北移动。棍子投下的影子会变得越来越短，并再次转向经线。傍晚时分，太阳低垂在西方的天空中，那根"忠实"的棍子将在东方投下很长的影子。

正是通过进行此类实验，古代的科学家才发现地球绕地轴自转并绕太阳运动。也许你会追随他们的脚步。

伟大的天底

你知道天空有顶和底吗？严格来说，它们分别被称为"天顶"和"天底"。天顶是天空中位于你头顶正上方的假想点，而天底则正好是位于你脚下的假想点。当然，你看不到天底的星星，除非挖一个很深的洞，透过地球观测。不过，你可以打开夜空应用程序或在线星图，探索虚拟中的它们，即使在白天也可以。多有趣啊！

轨道术语

任何天体的轨道都不是完美的圆形。它们的轨道呈椭圆形（蛋形），这意味着两个天体总会在某一点相距最近，在另一点相距最远。

对于绕地球运行的月球而言，最近的点称为"近地点"（perigee），最远的点称为"远地点"（apogee）。在古希腊语中，peri的意思是"靠近"，apo的意思是"远离"。这两个单词最后的gee与词根geo有关，geo的意思是"地球的"。含词根geo的单词还有geography（地理）和geothermal（地热的）等。

对于绕太阳运行的行星来说，距太阳最近的点称为"近日点"（perihelion），最远的点称为"远日点"（aphelion）。这两个单词中的helion源自古希腊语helios，意思是"太阳"。

最后，对于两颗或两颗以上恒星的轨道，我们使用"近星点"（periastron）这个词来描述系统中一子星轨道上离另一子星最近的点，用"远星点"（apastron）来描述系统中一子星轨道上离另一子星最远的点。astron在古希腊语中的意思是"星星""天体"。

资　料

网站

在地球上随时随地交互式观测天空：

stellarium-web.org

听听美国航天局望远镜拍摄的图片是什么声音：

chandra.si.edu/sound

在这张地图中选择附近光线较暗的完美观测点：

darksitefinder.com

了解你居住的地方何时可以看到哪些行星：

earthsky.org

查看月相详图：

moon.nasa.gov

查看你居住的地方月亮何时升起和落下：

timeanddate.com/moon

探索月球上壮丽的山脉、陨石坑和平原：

google.com/moon

lunar.gsfc.nasa.gov

帮助你计划下一次太空观赏活动：

heavens-above.com

n2yo.com

查找即将发射的火箭的信息：

rocketlaunch.live

从绕地球运行的航天器上看太阳是什么样子：

sdo.gsfc.nasa.gov/data

查找即将到来的日食的完整列表：

timeanddate.com/eclipse

最新的望远镜让我们可以看到更多美丽的宇宙图片：

jwst.nasa.gov/

查看国际流星组织的日历，了解下一次流星雨的信息：

imo.net/resources/calendar/

有声天文馆表演：

audiouniverse.org/

查看当前月相：

timeanddate.com/moon/phases

查询今晚你所在地区的行星位置：

timeanddate.com/astronomy/night

探索月球表面：

quickmap.lroc.asu.edu

了解国际空间站下次什么时候会飞越你所在的位置：

spotthestation.nasa.gov

查找星链卫星的位置，这是一个向地球发射快速无线信号的大型卫星群：

findstarlink.com

国际天文学和太空新闻的重要来源，包括有关如何开始观星的文章：

space.com

夜空应用程序

Sky Guide

SkyView

Stellarium

Star Walk

Night Sky

Star Chart

SkyWiki

Sky Map

NightCap Camera

ProShot

词汇表

冰

天文学上的"冰"指太阳系形成过程中遗留下来的冷冻物质。它们通常存于彗星、行星和卫星上。

超新星爆发

当一颗非常大的恒星走到生命的尽头时,它可能会发生大规模爆炸,这就是"超新星爆发"。

赤道

围绕地球中部的一个假想圆圈,将地球分为两个半球——北半球和南半球。

冲日

某一外行星于绕日公转过程中运行到与地球、太阳成一直线的状态,而地球恰好位于太阳和外行星之间的一种天文现象。它与满月类似,通常是在夜空中寻找行星的最佳时间。

磁场

磁性物体周围的区域,其他磁性材料在这里被无形的力牵引或推动。

大气

环绕行星、卫星或其他大型天体的气体。

等离子体

与气体非常相似，但由于温度极高，原子被分解成了更小的粒子。太阳等恒星都是由等离子体组成的。

辐射点

流星雨发生期间，所有流星仿佛是从天空中的同一处散开的，这个假想点就是辐射点。

光年

光在一年中行进的距离，约为9.46万亿千米。

光污染

当夜空被人造灯光照亮，你就看不到那么多星星了。光污染对动物有害，因为它会影响动物对自然昼夜交替的感知，而动物正是利用自然昼夜交替来觅食、导航、繁殖、迁徙和作息的。

轨道

物体在万有引力的作用下绕另一个物体运行的轨迹，例如地球绕太阳运行或航天器绕地球运行。

黑洞

太空中的天体，引力强大到连光线都无法逃脱。

极光

太阳粒子与地球大气层碰撞产生的空中"灯光秀"。

经线

连接北极和南极的假想弧线。

流星雨

地球穿过太空尘埃带时，一阵阵细小的彗星碎片在撞击地球大气层时会燃烧成流星，在夜空中留下一道道光痕，这就是流星雨。

裸眼

不使用任何设备，只用眼睛来观察夜空。

深空天体

星系、气体云和星团等光线微弱且难以观测的遥远天体。

食

天文现象"食"分月食和日食两种。月食指地球位于太阳和月球之间，月球消失在地球的阴影中。日食指太阳消失在月球后面。

太阳黑子

太阳表面的一块暗斑。它看起来比太阳的其他部分更暗，因为它的温度更低，尽管仍然高达3700摄氏度！

天顶

天空中位于头顶正上方的假想点。

天体

太空中自然存在的物体，如流星、行星、恒星、彗星等。

天文摄影

为星星等天体拍摄照片。

天文学

研究行星、星系、恒星等地球大气层之外事物的科学。

小行星带

位于火星和木星轨道之间的区域，此处有许多小行星。

星等

天文学家用来衡量天空中恒星、行星等天体亮度的系统。

星云

太空中由气体和尘埃粒子组成的巨大云团。

星座

一组看起来像某种图案的星星。画一条假想的线将星星连接起来，它们可能看起来像动物、人或其他物体，人们往往根据它们的形状对其进行命名。

银河系

太阳系所在的星系，地球和我们人类就身处其中。

原子

微观粒子的集合，是大多数事物——包括你和我——的组成部分。

轴

一条不可见的线，物体（如地球）围绕其旋转或自转。

致　谢

　　我衷心感谢为这本书注入生命力的天才团队，特别是萨利·希思、菲尔·坎贝尔、丽莎·舒尔曼、保罗·斯米茨、克里斯汀·吉尔和才华横溢的索菲·比尔。感谢澳大利亚泰晤士与哈德逊出版社及其他单位的所有人，他们把一本普通的手稿变成了一本图文并茂的书，供世界各地的年轻人阅读。

　　最后，我衷心地感谢你，我亲爱的读者，感谢你和我一起观赏夜空，并为子孙后代保护它。

作者简介

丽莎·哈维·史密斯是屡获殊荣的天体物理学家，也是新南威尔士大学的教授、澳大利亚航天局顾问团队成员。她对恒星的诞生、死亡以及超大质量黑洞颇感兴趣，曾致力于开发"平方千米阵"——一种横跨大陆的下一代射电望远镜，可用来勘测数十亿年的宇宙历史。

丽莎拥有把复杂的科学知识变得简单有趣的天赋，是热门电视节目《观星指南》的主持人、英国广播公司《仰望星空》《无限猴笼》的嘉宾，也是许多其他电视和广播的常驻科学评论员。

丽莎写过3本科普书，分别是《当星系碰撞》、儿童书《星星下》和畅销儿童科普书《好懂的天体物理学》。她曾多次在剧院演出自己的《当星系碰撞》，并与巴兹·奥尔德林等阿波罗计划宇航员同台演出。

　　作为澳大利亚的STEM女性大使，丽莎以提高澳大利亚各地女性在科学、技术、工程、数学（STEM）领域中学习、就业的参与度为己任。在业余时间，丽莎会参加超级马拉松，包括12小时赛、24小时赛和多日赛。她曾经跑了250千米穿越澳大利亚的辛普森沙漠。

插画师简介

　　索菲·比尔是作家也是插画家，醉心于色彩、形状和纹理。她遵循一个简单的原则：艺术永远不应该枯燥乏味。她主要从事儿童和社论插图的创作。她的客户包括谷歌、迪士尼/皮克斯、哈迪·格兰特·埃格蒙特出版社、学乐出版社、澳大利亚企鹅兰登书屋、纽约西蒙与舒斯特出版社，以及《卫报》《波士顿环球报》等。在不绘画和写作时，她会思考很多关于书籍、动物和平等的问题。